REIHE AUTOMATISIERUNGSTECHNIK

HERAUSGEGEBEN VON B. WAGNER UND G. SCHWARZE   BAND **78**

Heinrich Krebs

Rechner in industriellen Prozessen

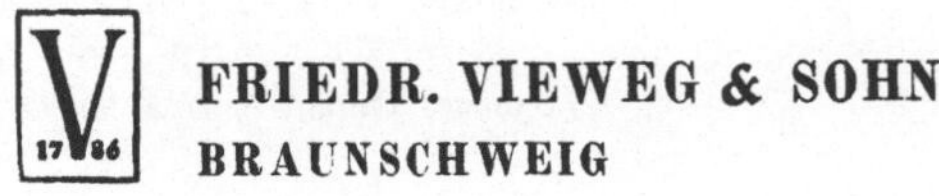

FRIEDR. VIEWEG & SOHN
BRAUNSCHWEIG

ISBN 978-3-663-00970-2   ISBN 978-3-663-02883-3 (eBook)
DOI 10.1007/978-3-663-02883-3

Lektor: *Jürgen Reichenbach*
Bestellnummer: 5078

Einbandgestaltung: *Peter Kohlhase*

Vorwort

Der Einsatz von Rechnern erfordert naturgemäß solide Kenntnisse auf dem Gebiet der Rechentechnik. Diese Kenntnisse sind zum Verständnis dieses Bandes, der nur eine Einführung in diese Problematik geben will, nicht Voraussetzung. Vorausgesetzt wird beim Leser ein gründliches technisches Allgemeinwissen und Kenntnisse, wie sie der erste Band der REIHE AUTOMATISIERUNGSTECHNIK „Grundbegriffe der Automatisierungstechnik" von Dr. *G. Schwarze* vermittelt.

Bei den prinzipiellen Einsatzmöglichkeiten wird offengelassen, welche Art von Rechnern, analog oder digital, verwendet werden sollte. Lediglich wegen der großen Anschaulichkeit des Koppelplanes werden für die Beschreibung von Einsatzmöglichkeiten häufig analoge Lösungen herangezogen. Die für das Verständnis von Koppelplänen notwendigen Symbole und Erläuterungen sind am Schluß des Bandes zusammengestellt.

Auf die Darstellung programmierungs- als auch gerätetechnischer Einzelheiten bei Digital- und Analogrechnern wird verzichtet. Dem sich hierfür interessierenden Leser seien die Bände RA 5 und RA 6 empfohlen. Der sich für die organisatorisch-ökonomische Seite des Prozeßrechnereinsatzes Interessierende sei auf den Band RA 68 hingewiesen.

Abschließend möchte ich den Herren Dr. *G. Schwarze* und Dipl.-Ing. *H. Fuchs* für die kritische Durchsicht des Manuskripts sowie dem Institut für Regelungstechnik Berlin für die mir zur Verfügung gestellten Forschungsergebnisse danken.

H. Krebs

Inhaltsverzeichnis

Einleitung   7

1. Informationsrechner   9

1.1. Rechner zur Bestimmung von Größen, die nicht unmittelbar meß-
bar sind 10

    1.1.1. Bestimmung einer Konzentration 10

    1.1.2. Bestimmung des Wirkungsgrades 10

    1.1.3. Bestimmung von Gasdurchflüssen 11

    1.1.4. Bestimmung der Rohrwandstärke im Reduzierwalzwerk . . . 12

    1.1.5. Ermittlung der Förderleistung eines schwenkbaren Schaufelrad-
baggers 14

    1.1.6. Bestimmung des Kippmomentes bei einem Schwimmkran . . . 15

    1.1.7. Bestimmung des inneren Rückflusses einer Destillationskolonne 16

    1.1.8. Auswerteeinrichtung für einen Gaschromatographen 17

1.2. Rechner zur Ermittlung eines Gütekriteriums 19

1.3. Bilanzierung 20

    1.3.1. Bilanzierung mit Hilfe eines on-line-Rechners 20

    1.3.2. Bilanzierung durch manuelle Auswertung von Betriebsregistrier-
streifen 22

    1.3.3. Bilanzierung durch maschinelle Auswertung von Betriebsregi-
strierstreifen 24

2. Rechner zur Erhöhung der Meßgenauigkeit 31

3. Einfache Führungshilfen 34

3.1. Grenzwertüberwachung 34

3.2. Tendenzwertüberwachung 40

3.3. Extrem-, Extremortauswahl 40

**4. Führungshilfen, die eine umfassende Kenntnis des Prozeßverhaltens
voraussetzen** 43

4.1. Prediktoren 43

4.2. Empfehlende Recheneinrichtungen 48

5. Steuerungsrechner 49

5.1. Einfache Steuerungsrechner 49

5.2. Steuerungsrechner mit sich selbst anpassendem Modell 56

6. Prozeßanalyse 57

6.1. Problemstellung 57

6.2. Ermittlung des Prozeßmodells aus den bekannten physikalisch-chemischen Zusammenhängen 57

6.3. Ermittlung des Prozeßmodells durch experimentelle Untersuchungen am Prozeß 58

6.4. Ermittlung des Prozeßmodells mit Hilfe statistischer Methoden . . . 60

    6.4.1. Regressionsanalyse eines linearen Systems mit einer Eingangsvariablen 61

    6.4.2. Regressionsanalyse eines linearen Systems mit mehreren Eingangsvariablen 63

    6.4.3. Nichtlineare Regression 65

    6.4.4. Zeitveränderliche Systeme 66

    6.4.5. Der optimale Beobachtungszeitraum 67

    6.4.6. Einfluß der Dynamik des Prozesses auf die Regressionsanalyse 68

7. Regelungsrechner 71

7.1. Rechner als Ersatz für viele klassische Regler (DDC) 71

7.2. Optimisatoren 76

8. Kombinierte Systeme 82

8.1. Gegenüberstellung von Vorwärts- und Rückwärtsoptimierung 82

8.2. Kombination von Vorwärts- und Rückwärtsoptimierung 83

Literaturverzeichnis 85

Sachwörterverzeichnis 87

Einleitung

Bedeutung der Rechentechnik für die Automatisierung

Im letzten Jahrzehnt haben Rechenautomaten für wissenschaftliche und ökonomische Zwecke eine außerordentliche Verbreitung gefunden. Seit einigen Jahren ist man dabei, Rechnern die Führung von Prozessen zu übertragen. Die hier eingeleitete Entwicklung hat weitreichende Konsequenzen.

Mit der Zuordnung von Rechnern für bestimmte technische Prozesse entstehen kleine und kleinste Recheneinrichtungen, die Bestandteil der Prozeßausrüstung werden. Die Folge dieser dezentralisierten Rechneraufstellung ist, daß ein großer Personenkreis mit rechentechnischen Problemen konfrontiert wird. Hier seien nur einige genannt von denen Kenntnisse, z. T. umfassende Kenntnisse, der Rechentechnik verlangt werden: Verfahrenstechniker und Projektanten einer neuen Betriebsanlage (einschließlich Inbetriebsetzung, Betriebskontrolle, Wartungs- und Reparaturdienst), Anlagenfahrer, Schichtleiter und andere mehr. Damit dürfte die Notwendigkeit nachgewiesen sein, einen großen Personenkreis mit der Rechentechnik vertraut zu machen.

Die Reihenfolge: Projektierung, Inbetriebsetzung, Betrieb, gilt für Routineaufgaben. Bei der Einführung der Rechentechnik in die Produktion beginnen die Schwierigkeiten mit der erstmaligen Formulierung des Automatisierungsproblems. Für die Lösung dieser Aufgabe werden ein umfassendes Wissen über den Prozeß und ausreichende Kenntnisse der Rechentechnik benötigt.

Diese Aufgabe muß der Betrieb selbst lösen, da im allgemeinen Automatisierungsinstitute nicht über umfassende Kenntnisse eines vorliegenden speziellen Prozesses verfügen. Das bedeutet, daß die den Prozeß betreuenden Verfahrenstechniker, Betriebsingenieure und Anlagenfahrer diese Aufgabe lösen. Damit ist auch die Frage nach dem Zeitpunkt, zu dem der genannte Personenkreis über ausreichende Kenntnisse der Rechentechnik verfügen sollte, beantwortet. Die Antwort lautet: Heute!

Gegenstand der Behandlung

Dieser Band behandelt den Einsatz von Rechnern in industriellen Prozessen. Für die Rechnersteuerung, Rechnerregelung sowie für die einfache Datenverarbeitung an technischen Prozessen, sollen Methoden und Realisierungsmöglichkeiten angegeben werden. Der Begriff „Rechner" ist sehr umfassend. Es werden im Anschluß einige Rechner genannt, die von der Behandlung ausgeschlossen werden sollen.

1. Der klassische Regler stellt einen Rechner dar mit der Regelabweichung als Eingangs- und dem Stellbefehl als Ausgangsgröße. Der Stellbefehl wird vom Regler bzw. Rechner aus der Regelabweichung nach einer vorgegebenen mathematischen Beziehung gebildet.

Der PI-Regler muß z. B. die folgende mathematische Funktion realisieren.

$$y = K_1 \cdot x_w + K_2 \int\limits_0^\infty x_w \, dt$$

Dabei ist x_w die Regelabweichung und y die Stellgröße. Für die Behandlung einfacher Regler und Regelkreise gibt es eine umfassende
Literatur, z. B. die Bände 1, 10 und 11 der Reihe Automatisierungstechnik.

2. Es gibt eine Reihe von Meßgeräten, bei denen die Anzeige und die
Eingangsgröße einander nicht proportional, sondern durch eine er-
wünschte mathematische Beziehung miteinander verknüpft sind.
Solche Meßgeräte stellen natürlich ebenfalls Rechner dar. Sofern zur
Realisierung dieser Rechner keine Elemente der Rechentechnik, son-
dern unmittelbar physikalische Effekte benutzt werden, handelt es
sich um Sondergeräte, die in diesem Band nicht behandelt werden.
Als Beispiele für rechnende Meßgeräte seien angeführt:

Leistungsmesser. Die elektrische Leistung ist das Produkt aus Strom
und Spannung

$$P = U \cdot I$$

Der Leistungsmesser nutzt den Umstand aus, daß bei einem Galvano-
meter der Ausschlag proportional dem Produkt aus Strom I und In-
duktion B ist.

$$A \sim I \cdot B$$

Effektivwertmesser. Der Effektivwert einer Spannung ist definiert als
Wurzel ihres quadratischen Mittelwertes

$$U_\text{eff} = \sqrt{\frac{1}{T}\int\limits_0^T u^2 \, dt}$$

Diese relativ komplizierte Beziehung wird von einem Weicheisen-
instrument mit einem außerordentlich geringem Aufwand gelöst. Der
Ausschlag eines solchen Instrumentes ist bei Gleichspannung proportional dem Quadrat der Spulenspannung. Sind die zeitlichen Änderungen
der Spannung so rasch, daß das träge Meßwerk ihnen nicht folgen kann,
so tritt nur ein mittlerer Ausschlag in Erscheinung. Die Mittelwertbildung, d. h. die Integration und anschließende Division durch T wird
vom Meßwerk mit erledigt. Die Wurzelbildung schließlich kann durch
Eichen der Skale berücksichtigt werden.

3. Bei der Projektierung industrieller Anlagen treten Optimierungs-
probleme auf, die vorzugsweise mit Rechnern behandelt werden. Bei
einem Variantenvergleich muß die optimale Variante, bei einem Ein-
stellproblem müssen die optimalen Einstellparameter gesucht werden.
Da es sich hierbei um eine einmalige Berechnung eines Problems handelt, die mit einem beliebigen wissenschaftlichen Rechner durchgeführt werden kann, werden derartige Optimierungen in dem

vorliegenden Band nicht behandelt. In der Regelungstechnik tritt häufig
das Problem auf, einen Regler an eine vorgegebene Regelstrecke anzupassen, indem seine Parameter (P-, I-, D-Anteil) optimal eingestellt
werden. Dieses Problem wird im Band 6 der Reihe Automatisierungstechnik, Sydow: „Elektronische Analogrechner und Modellregelkreise",
behandelt.

4. In industriellen Prozessen tritt eine Reihe ökonomischer Rechen-
probleme auf. Unter anderem sind Material- und Auslastungsbilanzen
aufzustellen. Ökonomische Berechnungen dieser Art werden innerhalb
größerer Zeiträume wiederholt. Sie dienen der kaufmännischen Führung des Prozesses und sollen an dieser Stelle keine Berücksichtigung
finden. Da jeder industrielle Prozeß sich dem ökonomischen Ziel unter-
ordnen muß, besteht eine enge Verflechtung zwischen technologischen
und ökonomischen Zusammenhängen. Im Fall, daß sich die ökonomischen Berechnungen in sehr kurzen Zeitabständen wiederholen und
Eingangs- sowie Ausgangswerte automatisch ein- bzw. ausgegeben
werden, gehören sie in den Rahmen der Probleme, die in diesem Band
behandelt werden.

1. Informationsrechner

Zur manuellen Führung eines Prozesses werden Informationen benötigt,
auf Grund derer vom Menschen Entscheidungen getroffen werden können.
Der größte Teil der Informationen kann durch Messungen am Prozeß
gewonnen werden. Das sind physikalische Größen und technische Parameter des Prozesses. Darüber hinaus werden Informationen von außen
benötigt, die kommerzieller Natur sind, z. B. Preise für Rohstoffe und
Produkte, Frachtkosten, Absatzlage und ähnliches. Diese äußeren Informationen spiegeln die Tatsache wider, daß der betrachtete Prozeß Teil
eines größeren Prozesses ist, z. B. des „Prozesses" Betrieb oder Volks-
wirtschaft. Häufig ist der Umfang der Informationen, die vom Menschen
verarbeitet werden müssen, sehr groß, so daß es erforderlich wird, durch
Rechner eine Informationsverdichtung vorzunehmen. Rechner dieser Art
werden in Anlehnung an Feldbaum [4] als Informationsrechner bezeichnet.
Bei der manuellen Führung eines Prozesses ist eine einzige Zielgröße anzu-
streben. Bestimmen mehrere Größen ein Führungskriterium, so wird der
Anlagenfahrer überfordert. In diesem Fall sollte ein Rechner die Einflußgrößen entsprechend dem Führungskriterium zu einer einzigen Zielgröße
zusammenfassen. Während diese Zusammenfassung die Arbeit des Anlagenfahrers erleichtert, ist sie für den Einsatz eines klassischen Reglers
unumgänglich, da dieser nur eine einzige Hauptregelgröße besitzen darf.
Je nach Art und Anzahl der miteinander zu verknüpfenden Größen, sollen
im folgenden die Rechner unterschieden werden.

a) *Rechner zur Bestimmung von Größen,* die nicht unmittelbar meßbar sind
Hierbei handelt es sich um die Verknüpfung weniger physikalischer
Größen zu einer Zielgröße, die selbst eine physikalische Größe darstellt.
Verknüpfungsgrößen und Zielgröße sind Momentanwerte

b) *Rechner zur Ermittlung eines Gütekriteriums*

Hierbei werden sowohl physikalische als auch ökonomische Größen miteinander verknüpft. Die Zielgröße ist keine physikalische Größe. Verknüpfungs- und Zielgröße sind Momentanwerte

c) *Bilanzrechner*

Hierbei handelt es sich um Einrichtungen, die aus mehreren Flußgrößen, z. B. Stoff- oder Energieflüssen, die Bilanz für einen bestimmten Zeitraum durch fortlaufende Erfassung und Integration der Flußgrößen entsprechend einer vorgeschriebenen Bilanzierungsvorschrift ermitteln

Diese Einsatzfälle und ihre Realisierung mögen einige Beispiele veranschaulichen.

1.1. Rechner zur Bestimmung von Größen, die nicht unmittelbar meßbar sind

1.1.1. *Bestimmung einer Konzentration*

Viele chemische Reaktionen erfordern, daß die reagierenden Stoffe a und b dem Reaktor in einem bestimmten Mengenverhältnis, dem stöchiometrischen Verhältnis, zugeführt werden. Das bedeutet, daß der Stoff a im Gemisch c mit einer bestimmten Konzentration K enthalten sein muß. Bild 1 veranschaulicht die Bestimmung der Konzentration. Darin bedeuten:

A die je Zeiteinheit hindurchfließende Menge des Stoffes a

C die je Zeiteinheit hindurchfließende Menge des Gemisches c.

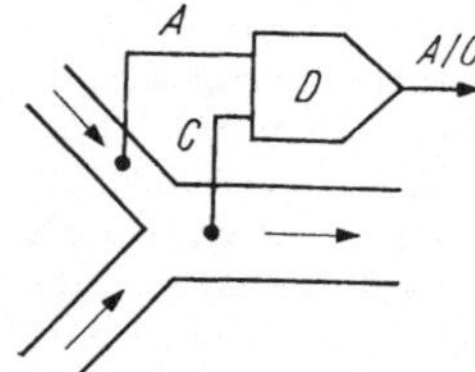

Bild 1
Bestimmung der Konzentration durch Quotientenbildung

Die Durchflüsse A und C werden von Meßfühlern erfaßt und einem Dividiergerät zugeführt. Am Ausgang des Divisionsgliedes erscheint die Konzentration $K = A/C$.

1.1.2. *Bestimmung des Wirkungsgrades*

Der Wirkungsgrad ist ein wichtiger ökonomischer Kennwert des Prozesses. Der Wirkungsgrad sollte, wenn möglich, dem Anlagenfahrer direkt angezeigt werden. Es sei an einen kontinuierlichen Prozeß gedacht, der ein Einsatzgut e erfordert und ein Ausgangsprodukt a und Verluste v produziert.

Mit

E Masse des Einsatzgutes pro Zeiteinheit

A Masse des Ausgangsproduktes pro Zeiteinheit

V Masse der Verluste pro Zeiteinheit

erhält man den Wirkungsgrad η in einfachster Weise

$$\eta = \frac{A}{E} \tag{1}$$

Für die Berechnung des Wirkungsgrades wäre, wie im Falle 1.1.1., lediglich eine Division durchzuführen. Diese Art der Bestimmung ist mit großen Fehlern behaftet und hat für hohe Wirkungsgrade keinen Sinn. Ist es möglich die Verluste V zu messen, so erhält man den Wirkungsgrad genauer aus:

$$\eta = \frac{E - V}{E} = 1 - \frac{V}{E} \tag{2}$$

Wird für η ein Wert von 0,99 und für die Messung von E, A und V ein Fehler von 1% angenommen, so ist nach Gl. (1) der Wirkungsgrad mit einem Fehler von 2% behaftet. Die Rechnung kann Wirkungsgrade zwischen 0,97 und 1,01 liefern. Ein solches Ergebnis wäre für den Anlagenfahrer nur brauchbar, wenn die prozeßbedingten Schwankungen des Wirkungsgrades 2% erheblich übersteigen. Unter den gleichen Bedingungen liefert Gl. (2) nur einen Fehler von 0,02%. Die Rechenschaltung für Gl. (2) zeigt Bild 2.

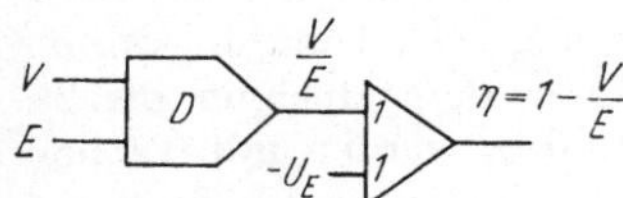

Bild 2. Zur Bestimmung des Wirkungsgrades

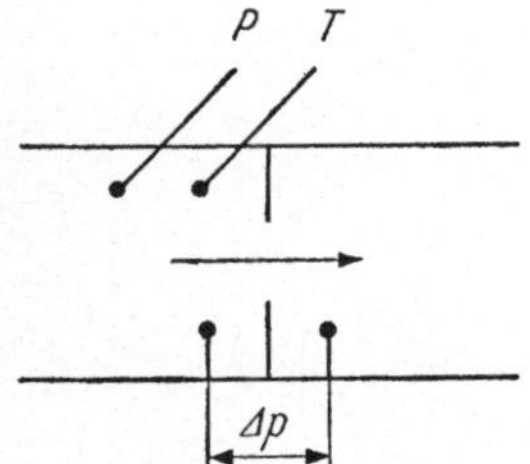

Bild 3. Zur Durchflußmessung

1.1.3. Bestimmung von Gasdurchflüssen

Durchflüsse von Gasen werden sehr häufig mit Hilfe von Meßblenden bestimmt. Bild 3 veranschaulicht das Meßprinzip. Das durch ein Rohr strömende Gas verursacht an der Meßblende einen Differenzdruck Δp. Der

Durchfluß, d. h. die je Zeiteinheit hindurchfließende Gasmenge, ergibt
sich aus folgender Gleichung

$$Q = K \sqrt{\frac{p \, \Delta p}{T}} \tag{3}$$

Darin bedeuten:

p Druck

Δp Differenzdruck

T absolute Temperatur

K Konstante

Q Durchfluß

Bild 4 zeigt die mit analogen Gliedern realisierte Rechenschaltung.

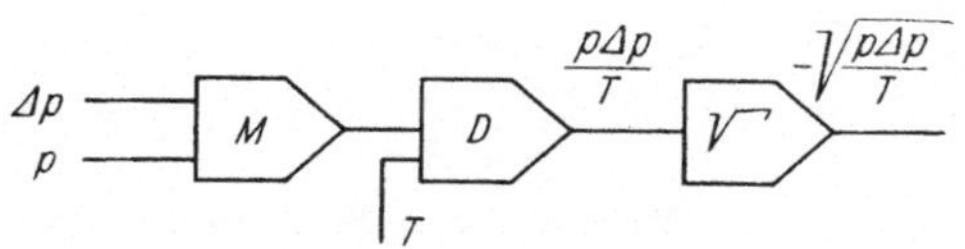

Bild 4. Zur Bestimmung von Gasdurchflüssen

1.1.4. *Bestimmung der Rohrwandstärke im Reduzierwalzwerk*

Die Wandstärke eines Rohres ist während des Walzvorganges meßtechnisch schwer erfaßbar. [11] gibt eine Möglichkeit an, die die Rohrwandstärke aus anderen Meßgrößen zu errechnen gestattet. Bild 5 veranschaulicht den Walzvorgang. Ein Rohr mit dem Durchmesser d_1 und der Wandstärke s_1 wird dem Reduzierwalzwerk mit der Geschwindigkeit v_1 zugeführt. Das Rohr verläßt das Walzwerk mit der Geschwindigkeit v_2, dem neuen Durchmesser d_2 und der neuen Wandstärke s_2. Der Durchmesser d_1 und die Wandstärke s_1 sind bekannt und können dem Rechner direkt eingegeben werden. Die Geschwindigkeiten v_1 und v_2 werden mit Tachogeneratoren gemessen. Der Durchmesser d_2 ergibt sich aus der Stellung

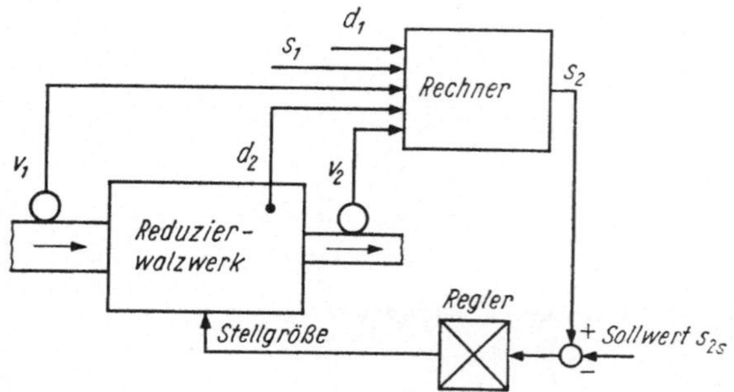

Bild 5. Symbolische Darstellung des Walzvorganges

v_1 Einlauf- und v_2 Auslaufgeschwindigkeit des Rohres; d_1 Rohrdurchmesser vor und d_2 Rohrdurchmesser nach dem Walzen, s_1 Wandstärke vor und s_2 Wandstärke nach dem Walzen; s_{2s} Sollwandstärke

12

der Walzen. Es besteht die Aufgabe, die Wandstärke s_2 aus den übrigen Größen zu bestimmen. Setzt man voraus, daß die Materialdichte durch den Walzvorgang nicht verändert wird, so gilt:

$$\text{Querschnitt } 1 \cdot v_1 = \text{Querschnitt } 2 \cdot v_2$$

$$\left[\frac{d_1^2}{4} - \left(\frac{d_1}{2} - s_1\right)^2\right] \pi \cdot v_1 = \left[\frac{d_2^2}{4} - \left(\frac{d_2}{2} - s_2\right)^2\right] \pi \cdot v_2 \tag{4}$$

Wird Gl. (4) nach s_2 aufgelöst, so erhält man:

$$s_2 = \frac{d_2}{2} - \sqrt{\frac{d_2^2}{4} - \frac{v_1}{v_2}(d_1 s_1 - s_1^2)} \tag{5}$$

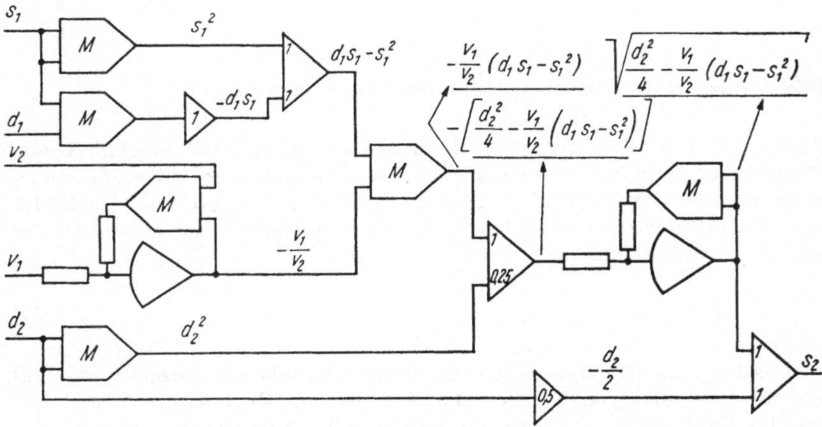

Bild 6. Zur Bestimmung der Wandstärke von Rohren im Reduzierwalzwerk entsprechend Gl. (5)

Bild 6 zeigt die Rechenschaltung, mit der die Wandstärke s_2 entsprechend Gl. (5) bestimmt wird. Eine Besonderheit dieser Rechenschaltung ist, daß keine speziellen Divisions- oder Wurzelglieder benutzt werden. Sowohl die Division als auch die Wurzeloperation werden im Bild 6 mit Hilfe einer Rückführschaltung, bei der der Multiplikator das Rückführglied darstellt, realisiert. Diese Methode wird angewandt, um die Zahl der verschiedenen Rechenbausteine zu reduzieren. Im übrigen ist die Rechenschaltung nach Bild 6 ohne Erläuterungen zu verstehen. Am Ausgang der Rechenschaltung ist die Wandstärke s_2 als Spannung verfügbar. Sie wird mit einem Sollwert verglichen und einem Regler zugeführt (s. Bild 5). Am Ausgang des Reglers erscheint eine Stellgröße, die auf das Reduzierwalzwerk so einwirkt, daß die Wanddicke s_2 dem Sollwert angeglichen wird. Das kann z. B. dadurch geschehen, daß die Stellgröße die Geschwindigkeit v_2 verändert.

1.1.5. *Ermittlung der Förderleistung eines schwenkbaren Schaufelradbaggers*

Ein einfacher Rechner ist geeignet, die Leistung eines Schaufelradbaggers zu erhöhen [17]. Die Arbeitsweise eines schwenkbaren Schaufelradbaggers veranschaulicht Bild 7. Der Bagger fährt ein Stück vor und schneidet beim Schwenken ein sichelförmiges Stück aus der Böschung. Bei konstanter Schwenkgeschwindigkeit schwankt die Förderleistung mit dem

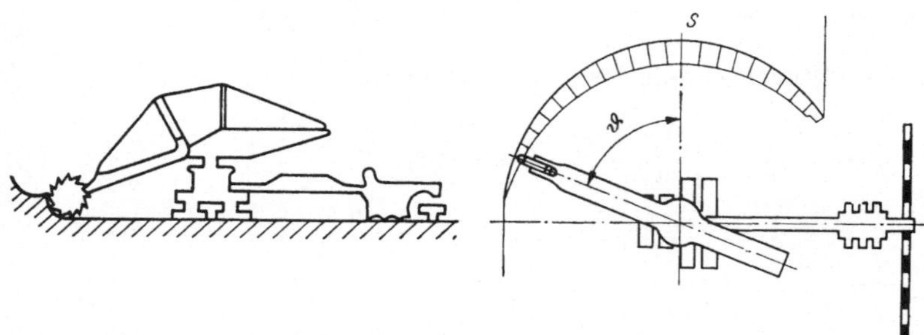

Bild 7. Zur Arbeitsweise eines schwenkbaren Schaufelradbaggers

Winkel ϑ. Für eine optimale Betriebsweise wird eine gleichbleibende Förderleistung gefordert, die der höchstzulässigen Förderleistung nahekommt, diese aber nicht überschreitet. Nimmt man an, daß die im Bild 7 vom Bagger aus dem Berg herausgeschnittene Sichel nur schmal ist, so ist die Förderleistung

$$Q = q \cos \vartheta \, \frac{d\vartheta}{dt} \tag{6}$$

q ist dabei eine Konstante, die durch Kübelinhalt und Umdrehungszahl des Schaufelrades gegeben ist. Bild 8 zeigt den Rechner im Regelkreis, der die Fördermenge Q konstant halten soll. Dem Rechner werden der

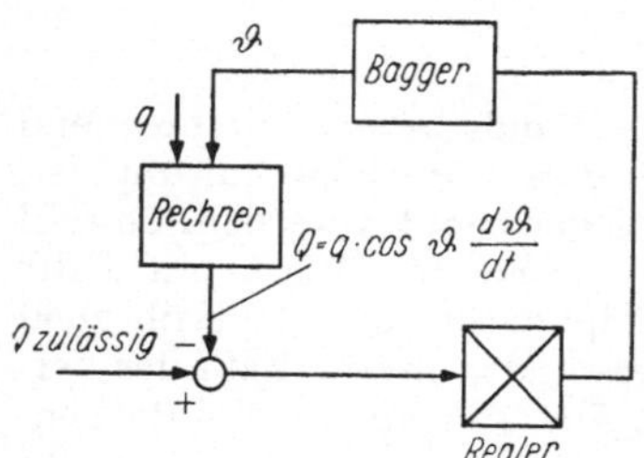

Bild 8
Regelkreis zur Regelung der Fördermenge Q

Schwenkwinkel ϑ und die Konstante Q zugeführt. Die direkt nicht meßbare Förderleistung Q wird entsprechend der Gl. (6) errechnet, mit der höchst zulässigen Förderleistung Q_z verglichen und die Regelabweichung dem Regler zugeführt, der den Schwenkmotor so beeinflußt, daß $Q \leqq Q_z$ sichergestellt wird.

1.1.6. *Bestimmung des Kippmomentes bei einem Schwimmkran*

Um das Kentern des Schwimmkranes zu verhindern, muß der Kranführer sicherstellen, daß das Kippmoment M stets kleiner als das kritische Moment M_K ist. Das Kippmoment ergibt sich aus Bild 9 zu:

$$M = L \cdot l \cdot \cos \alpha \tag{7}$$

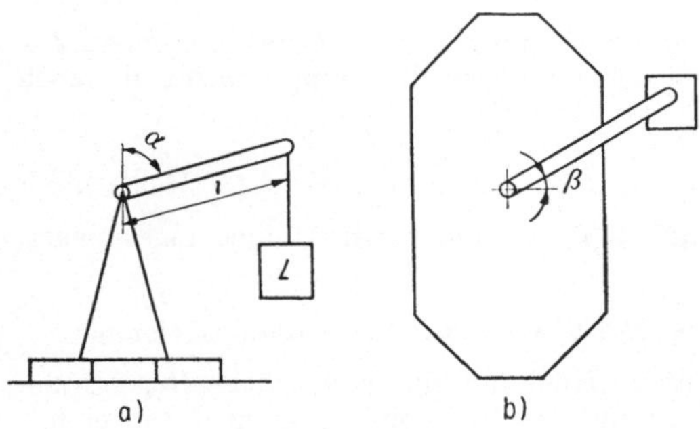

Bild 9
Schwimmkran schematisch
a Seitenansicht; *b* Draufsicht

Mit einer Einrichtung, die das Kippmoment nach Gl. (7) berechnet und dem Kranfahrer zur Verfügung stellt, kann das Meßproblem gelöst werden. In dem vorliegenden Fall ist es naheliegend, dem Rechner auch die Überwachung des Kippmomentes zu übertragen. Damit wird der Rechner zu einer Führungshilfe. Wie aus Bild 9b entnommen werden kann, ist das kritische Moment eine Funktion des Winkels

$$M_K = f_1 (\beta) \tag{8}$$

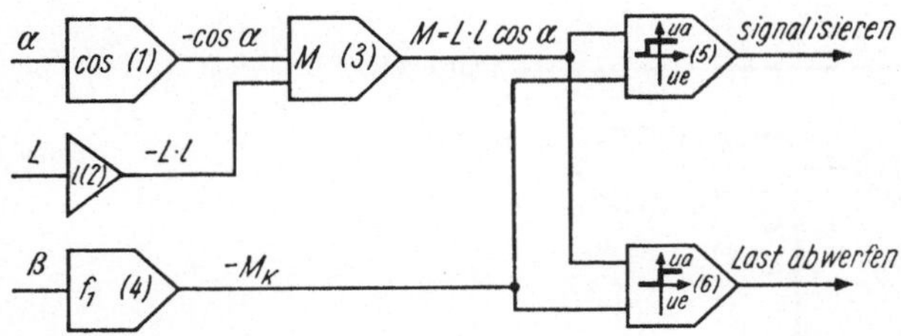

Bild 10. Kippmomentüberwachungseinrichtung

Bild 10 zeigt die Überwachungseinrichtung. Als Meßgrößen werden dem Rechner die Last L und die beiden Winkel α und β eingegeben. Der Funktionsgenerator *1* realisiert die Cosinusfunktion, so daß an seinem Ausgang — cos α zur Verfügung steht. Die Multiplikation mit der Konstanten l wird mit Hilfe des Verstärkers *2* durchgeführt. Am Ausgang des Multiplikators *3* steht schließlich das Kippmoment M zur Verfügung. Der Funktionsgenerator *4* liefert am Ausgang die Funktion $-M_K = -f_1 (\beta)$.

Die beiden Zweipunktglieder haben die Funktion von Grenzwertsignalisatoren. Ihre Wirkungsweise wird durch die eingezeichnete Schaltfunktion $u_a = f(u_e)$ beschrieben. Dabei ist zu berücksichtigen, daß u_e gleich der vorzeichenbehafteten Summe der Eingangsgrößen ist. Nähert sich das Kippmoment M dem kritischen Moment M_K bis auf einen Sicherheitsabstand ε, d. h.

$$M - M_K = - \varepsilon, \tag{9}$$

so gibt das Zweipunktglied (5) eine Spannung ab, die den kritischen Zustand dem Kranfahrer signalisiert. Wächst das Kippmoment dennoch weiter, so daß

$$M - M_K = 0 \tag{10}$$

wird, spricht das Zweipunktglied (6) an und bewirkt einen Lastabwurf.

1.1.7. Bestimmung des inneren Rückflusses einer Destillationskolonne

Bei der Destillation ist der innere Rückfluß eine wesentliche Regelgröße. Der innere Rückfluß ist selbst nicht meßbar, sondern kann nach der folgenden Gleichung ermittelt werden [33].

$$Q_i = Q_a \left[1 + K \left(T_2 - T_1 \right) \right]. \tag{11}$$

Dabei bedeuten:

Q_i innerer Rückfluß

Q_a äußerer Rückfluß

T_1 Austrittstemperatur des Kopfproduktes

T_2 Eintrittstemperatur des Rückflusses

K Konstante

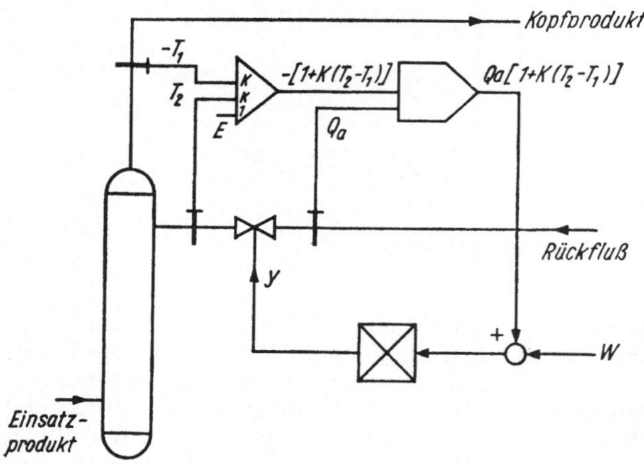

Bild 11. Bestimmung des inneren Rückflusses einer Destillationskolonne

Bild 11 zeigt die Destillationskolonne mit dem dazugehörigen Regelkreis, der den Rechner enthält. Die eigentliche Rechenschaltung, die den inneren Rückfluß entsprechend Gl. (11) bestimmt, wird durch einen Summierverstärker und einen Multiplikator gebildet. Die Temperatursignale T_1 und T_2 werden dem Summierverstärker mit dem Übertragungsfaktor K zugeführt. Des weiteren liegt an einem Eingang des Verstärkers mit dem Übertragungsfaktor 1 die Einheitsspannung E. Am Ausgang des Verstärkers steht bereits der Faktor $- [1 + K (T_2 - T_1)]$ zur Verfügung. Der zweite Faktor ist der gemessene äußere Rückfluß. Der Multiplikator liefert den gesuchten inneren Rückfluß, der als Regelgröße dem Regler zugeführt wird.

1.1.8. *Auswerteeinrichtung für einen Gaschromatographen*

Gaschromatographen dienen der Gasanalyse. Mit ihrer Hilfe ist es möglich, in einem vorgegebenen Gasgemisch die Konzentration der einzelnen Komponenten zu bestimmen. Der Gaschromatograph liefert ein Spannungs-Zeit-Diagramm entsprechend Bild 12. Die einzelnen Spitzen, Peaks

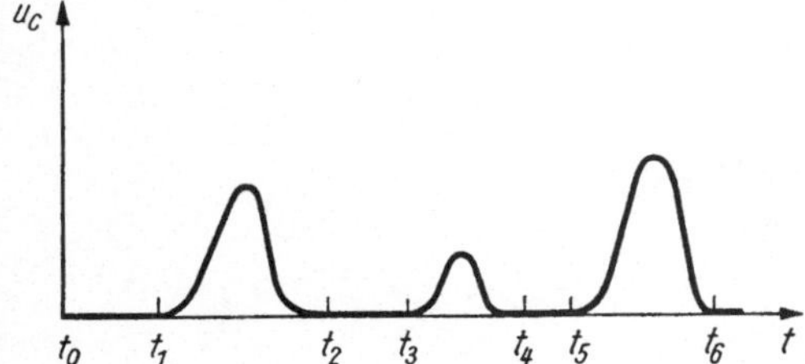

Bild 12. Gaschromatogramm

genannt, sind für die einzelnen Gaskomponenten typisch. Unter bestimmten Voraussetzungen sind die Spannungs-Zeit-Flächen unter den Komponentenpeaks ein Maß für die Konzentration der Gemischkomponenten. Um von Dosierungsschwankungen unabhängig zu sein, wird die Fläche unter einem Peak auf die Gesamtfläche unter allen Peaks bezogen. Werden die Bezeichnungen von Bild 12 zugrunde gelegt, so kann die Größe u_{ai}, die ein Maß für die Konzentration der i-ten Gemischkomponente ist, mit Hilfe der folgenden Beziehung errechnet werden.

$$u_{ai} = \frac{\int_{t_{2i-1}}^{t_{2i}} u_c \mathrm{d}t}{\int_{t_1}^{t_6} u_c \mathrm{d}t} \qquad i = 1, 2, 3, \tag{12}$$

Bild 13 zeigt die Auswerteeinrichtung, der Gl. (12) zugrunde liegt. Die vom Chromatographen stammende Spannung u_c gelangt auf die Eingänge der Integratoren *I1* bis *I4*. Der Chromatograph beginnt die Analyse zum Zeitpunkt t_0. Es vergeht eine Totzeit, bis der Indikator den ersten Ausgangsimpuls liefert. In dieser Zeit werden die Integratoren auf den Anfangswert Null gestellt, indem die Schalter *S0/1* bis *S0/4* kurzzeitig in die Löschstellung L gehen. Die Schalter $S1$ bis $S4$ werden so gesteuert, daß die einzelnen Integratoren das für sie bestimmte Zeitintegral bilden. Alle Integratoren haben $\int_a^b u_C\,dt$ zu bilden, lediglich die Integrationsgrenzen sind unterschiedlich.

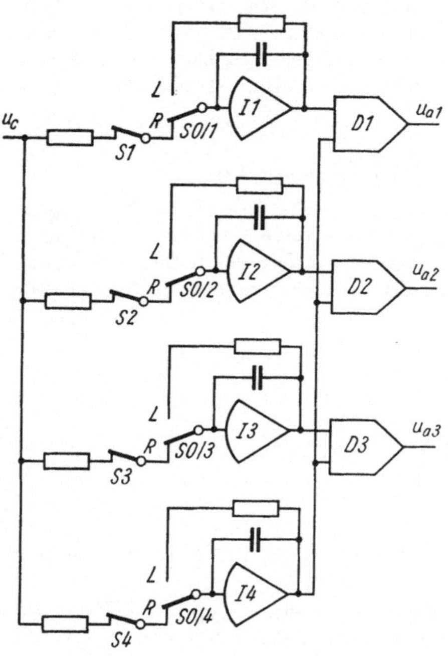

Bild 13. Recheneinrichtung zur Ermittlung der Konzentration der Gemischkomponenten aus einem Gaschromatogramm für ein 3-Stoffgemisch

$I1$ integriert in der Zeit t_1 bis t_2

$I2$ integriert in der Zeit t_3 bis t_4

$I3$ integriert in der Zeit t_5 bis t_6

$I4$ integriert in der Zeit t_1 bis t_6

Entsprechend sind die Schließungszeiten für die Schalter $S1$ bis $S4$. Zum Zeitpunkt t_6 liegen alle Integrale vor. Mit Hilfe der Dividiereinheiten $D1$ bis $D3$ werden die gewünschten Resultate u_{a1} bis u_{a3} gebildet, die Maße für die Konzentrationen $K1$ bis $K3$ sind. Die Resultate u_{a1} bis u_{a3} sind nur vorübergehend verfügbar, da sie beim Beginn einer neuen Analyse zum Zeitpunkt t_0 gelöscht werden. Soll mit den Größen u_{a1} bis u_{a3} eine stetige Regelung aufgebaut werden, so müssen den Dividiereinheiten Halteglieder nachgeschaltet werden, die zum Zeitpunkt t_6 die errechneten Werte übernehmen und sie über einen Analysezyklus speichern. Bild 14 veranschaulicht die Wirkungsweise eines solchen Haltegliedes. Ist rs geschlossen, so stellt die Schaltung ein Verzögerungsglied mit der Verstärkung -1 dar. Nach einer Übergangszeit stellt sich der Wert $u_a = -u_e$ ein. Ist rs geöffnet, so kann die Schaltung als Integrator mit abgeschaltetem Eingang aufgefaßt werden.

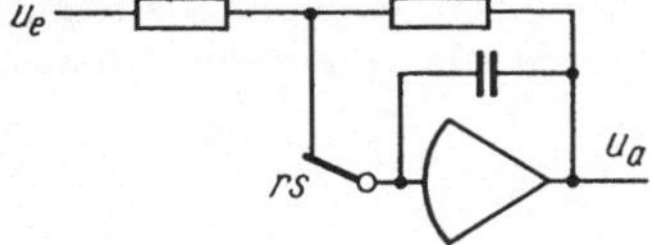

Bild 14. *Zur Arbeitsweise eines elektronischen Haltegliedes*

Zum Anfangswert $u_a = -u_e$ wird das Integral von Null addiert, d. h., daß der einmal übernommene Wert bei geöffnetem Schalter rs, mindestens theoretisch, beliebig lange gehalten wird. Bei der Recheneinrichtung nach Bild 13 bietet sich eine Mehrfachausnutzung einer Dividiereinheit für die Ermittlung der drei Quotienten direkt an, zumal den Dividiereinheiten ohnehin Halteglieder nachgeschaltet werden. Wegen einer übersichtlicheren Darstellung wurden im Bild 13 die drei Quotienten parallel durch drei Dividiereinheiten berechnet.

1.2. Rechner zur Ermittlung eines Gütekriteriums

Bei einem Produktionsprozeß, es sei z. B. an einen kontinuierlichen chemischen Prozeß gedacht, ist es wichtig, den in der Zeiteinheit erzielten Gewinn zu kennen. Der Gewinn ergibt sich aus dem Erlös für die Produkte abzüglich der Kosten für die Rohstoffe und Energien und die anlagebedingten Fixkosten, die unabhängig, ob die Anlage produziert oder still steht, pro Zeiteinheit in gleicher Höhe anfallen. Der Gewinn wird durch folgende Gleichung bestimmt:

$$G = \sum_{i=1}^{m} P_i\, p_i - \sum_{i=1}^{n} R_i\, r_i - \sum_{i=1}^{0} E_i\, e_i - F \tag{13}$$

Darin bedeuten:

G Gewinn je Zeiteinheit

P_i i-te Produktmenge je Zeiteinheit

p_i Preis des i-ten Produkts je Mengeneinheit

R_i i-te Rohstoffmenge je Zeiteinheit

r_i Preis des i-ten Rohstoffes je Volumeneinheit

E_i i-te Energiemenge je Zeiteinheit

e_i Preis der i-ten Energie je Mengeneinheit

F Fixkosten je Zeiteinheit

Angenommen sei, daß dieser Prozeß manuell geführt wird. Der Betriebsmann wird natürlich bestrebt sein, den Prozeß so zu führen, daß sich ein maximaler Gewinn ergibt. Wegen der großen Zahl der Faktoren, die den Gewinn bestimmen, ist der Betriebsmann jedoch nicht in der Lage, den Gewinn genau zu beurteilen. Statt dessen wird er als Führungskriterium das Hauptprodukt heranziehen, oder wenn er sich besondere Mühe gibt, wird er versuchen, den Einfluß der wichtigsten zwei oder drei Variablen auf den Gewinn zu schätzen. Eine Recheneinrichtung, die den momentanen Gewinn automatisch ausweist, würde den Betriebsmann von der groben Schätzung des Gewinns entlasten und die Ökonomie des Prozesses verbessern.

Die Gewinngleichung Gl. (13) läßt sich mit analogen Rechenbausteinen leicht realisieren, wenn die Variablen P_i, R_i, E_i als elektrische Spannungen vorliegen (Bild 15).

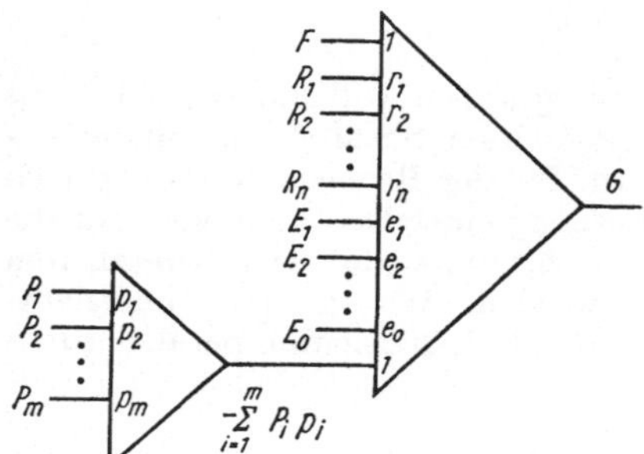

Bild 15. Gewinnrechner

1.3. Bilanzierung

1.3.1. *Bilanzierung mit Hilfe eines on-line-Rechners*

Bild 16 zeigt einen Dampferzeuger, der mehrere Verbraucher speist. Handelt es sich um betriebsfremde Verbraucher, so muß ihnen die mit dem Dampf zur Verfügung gestellte Wärmeenergie in Rechnung gestellt werden. Aber auch bei betriebseigenen Verbrauchern ist es im Interesse eines Gesamtüberblickes wichtig, die verbrauchte Wärmeenergie zu kennen. Darüber hinaus ist die Erfassung der Leitungsverluste von großer Bedeutung. Ein Defekt der Leitung äußert sich durch eine spontane Erhöhung der Leitungsverluste. Werden die Leitungsverluste überwacht, können größere Energiemengen nicht unbemerkt verlorengehen. Das Beispiel nach Bild 16 behandelt nur die Wärmeenergie des Dampfes. In Betrieben praktisch vorkommende Bilanzen sind wesentlich umfangreicher. Sie berücksichtigen alle möglichen Stoffflüsse und Energieformen. Außerdem gibt es in einem Betrieb sehr viele Bilanzkreise, d. h. örtlich oder funktionell beschriebene Objekte, für die eine Teilbilanz zu ermitteln ist. Die häufigsten Bilanzzeiträume sind 1 Stunde, 1 Schicht oder 24 Stunden. Die Bilanzen werden im allgemeinen aus Abtastwerten gewonnen. Übliche Abtastzykluszeiten betragen 1 bis 5 Minuten.

Der Rechner im Beispiel hat zu ermitteln:

1. Die den Verbrauchern *V1* bis *V7* zugeführten Energien E_1 bis E_7
2. Die der Dampfleitung *I* zugeführte Energie E_I
3. Die Verluste der Leitung *I* $V_I = E_I - E_1 - E_2$
4. Die der Dampfleitung II zugeführte Energie E_{II}

20

5. Die Verluste der Leitung II $\quad V_{II} = E_{II} - E_3 - E_4$

6. Die der Dampfleitung III zugeführte Energie E_{III}

7. Die Verluste der Leitung III $\quad V_{III} = E_{III} - E_5 - E_6 - E_7$

8. Die an das gesamte Dampfnetz abgegebene Energie
$$E_{ges} = E_I + E_{II} + E_{III}$$

9. Die an die Verbraucher abgegebene Gesamtenergie
$$E_{vges} = \sum_{i=1}^{7} E_i$$

10. Die Gesamtverluste im Netz $\quad V_{ges} = V_I + V_{II} + V_{III}$

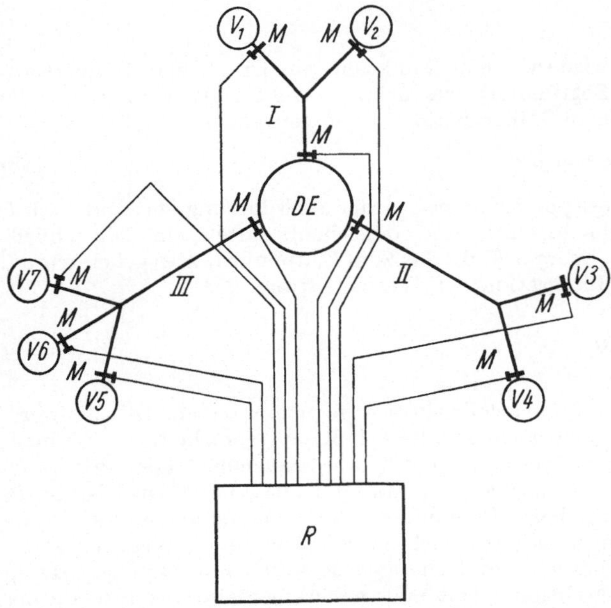

Bild 16. Dampferzeuger DE mit Verbrauchern V1 bis V7 und Bilanzrechner R. M bezeichnet das Meßfühlertripel für Durchfluß, Druck und Temperatur

Ermittlung der Wärmeenergie

In Dampfnetzen sind Durchflußmeßgeräte üblich, die den unkorrigierten Durchfluß Q_m als Widerstand bzw. Spannung abbilden. Den korrigierten Durchfluß erhält man durch Multiplikation mit einem Korrekturfaktor K, der eine Funktion des Druckes p und der Temperatur T ist.

$$Q = Q_m \cdot K \,, \tag{14}$$

wobei $\quad K = f(p, T) \tag{15}$

Auf Grund der physikalischen Zusammenhänge erhält man für den Korrekturfaktor eine relativ komplizierte Formel. Für praktische Anwendungsfälle genügt jedoch eine Näherungsformel, deren Näherungsfehler,

gegenüber den Fehlern der Meßeinrichtung, klein sind. Blendenmeß-
einrichtungen haben Fehler von etwa 3%. Hier ist für K eine lineare
Näherungsgleichung vom Typ:

$$K = a + b\,p + c\,T \tag{16}$$

ausreichend. Die Größe von a, b und c hängt von dem Bereich für p und T
ab, in dem die Meßeinrichtung arbeitet. Man verwendet für Näherungen
vorzugsweise lineare Beziehungen, weil deren Auswertung den geringsten
rechentechnischen Aufwand mit sich bringt.
Die Wärmeleistung P erhält man als Produkt des korrigierten Durch-
flusses Q und der Enthalpie i

$$P = Q \cdot i \tag{17}$$

Die Enthalpie ist wiederum eine Funktion von Druck und Temperatur.
Mit der gleichen Begründung wie beim Korrekturfaktor, wird für die
Enthalpie eine lineare Näherungsgleichung verwendet.

$$i = d + e\,p + f\,T \tag{18}$$

In diesem Gleichungstyp, der immer wieder als Näherung verwendet wird,
können natürlich die Koeffizienten vorzeichenbehaftet sein. Die schließlich interessierende Energie E, die bis zum Zeitpunkt t_1 abgegeben wurde,
erhält man durch Integration der Wärmeleistung P.

$$E = \int_0^{t_1} P\,\mathrm{d}t \tag{19}$$

Die Berechnung der Bilanz vollzieht sich folgendermaßen. Die Meßwerttripel Q_m, p, T werden nacheinander erfaßt und verarbeitet. Aus einem
bestimmten Meßwerttripel Q_{mi}, p_i, T_i werden nacheinander der korrigierte Durchfluß Q_i, die Enthalpie i_i und schließlich die Wärmeleistung P_i
berechnet und gespeichert. In äquidistanten Zeitabständen werden die
gleichen Berechnungen mit den sich zeitlich ändernden Werten wiederholt und die Ergebnisse dem bisherigen Resultat hinzuaddiert. Durch
diese fortlaufende Addition erhält man näherungsweise das Integral der
Zeitfunktion.
Für Bilanzberechnungen der beschriebenen Art eignet sich vorzugsweise
ein Digitalrechner. Bei Verwendung eines Digitalrechners für das Beispiel, ist Bild 16 durch eine Meßwerterfassungsanlage zu ergänzen. Die
Meßwerterfassungsanlage ist dem Rechner vorzuschalten. Sie hat die Aufgabe, die Meßstellen nacheinander anzuwählen und die analogen Meßwerte in einen für den Rechner geeigneten digitalen Kode umzusetzen.
In diesem Zusammenhang sei auf RA 46 verwiesen, dessen Inhalt sich
ausgiebig mit den Problemen der Meßwerterfassung beschäftigt.

1.3.2. *Bilanzierung durch manuelle Auswertung von Betriebsregistrierstreifen*

Die konventionelle Methode eine Betriebsbilanz zu erhalten, besteht in
der Auswertung von Registrierstreifen, die von den einzelnen Betriebs-
meßgeräten stammen. Die Registrierstreifen werden periodisch, im allgemeinen täglich, gesammelt. Eine Auswerteabteilung verdichtet die auf

den Registrierstreifen enthaltenen Informationen zur Betriebsbilanz. Bei
Großbetrieben nehmen diese Abteilungen beträchtliche Ausmaße an. Der
größte Arbeitsaufwand entsteht bei der Integration, die mit Hilfe von
Planimetern durchgeführt wird. Ist auf einem Registrierstreifen ein Stoff-
fluß, z. B. ein Flüssigkeitsdurchfluß, als Funktion der Zeit aufgezeichnet,
so liefert das Flächenintegral multipliziert mit der entsprechenden Geräte-
konstanten die interessierende Flüssigkeitsmenge. Durchflüsse von Gasen
und Dämpfen, die eine Funktion von Druck und Temperatur sind, können
manuell mit vertretbarem Aufwand nicht exakt ausgewertet werden. In
der Betriebspraxis begnügt man sich damit, den gemessenen Durchfluß
bzw. sein Integral mit seiner Korrekturgröße zu multiplizieren, die sich
aus den Mittelwerten von Druck und Temperatur ergibt. Dabei werden
diese Mittelwerte aus Aufwandsgründen im allgemeinen nicht durch Integration gewonnen, sondern geschätzt. Der Auswerter versucht ein Lineal
so an die Kurve zu legen, daß die Summe der vom Lineal und der Kurve
eingeschlossenen vorzeichenbehafteten Flächen Null wird. Besondere
Schwierigkeiten für die manuelle Auswertung stellen Registrierstreifen
dar, die von Meßwertschreibern mit nichtlinearer Kennlinie stammen.
Hier versagt die Methode des Planimetrierens. Das Integral der Zeitfunktion wird dann aus dem geschätzten Mittelwert errechnet.

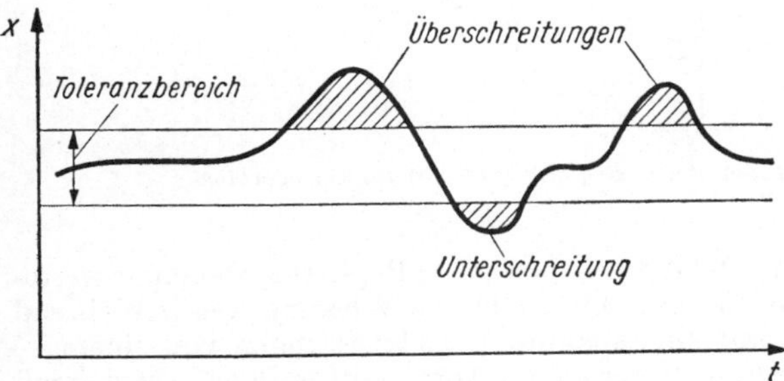

Bild 17. Zum Führungsgütekriterium

Eine Bilanz hat neben dem rein informativen Zweck die Aufgabe, Möglichkeiten zur Verbesserung der Prozeßführung zu schaffen. Diese Möglichkeiten können sowohl technischer als auch arbeitspsychologischer Art
sein. Im Interesse einer hohen Wirtschaftlichkeit des Prozesses sind die
Betriebe bestrebt, ihre Anlagenfahrer an einer hohen Qualität der Prozeßführung ökonomisch zu interessieren. Soll eine physikalische Größe des
Prozesses innerhalb eines vorgegebenen Toleranzbereiches konstant gehalten werden, so stellt das durch Bild 17 veranschaulichte Kriterium
einen geeigneten Maßstab für die Führungsgüte des Prozesses dar. Alle
Über- oder Unterschreitungen des Toleranzbereiches werden quadriert und
anschließend integriert. Je kleiner das Integral der quadrierten Abweichungen ist, um so höher ist die Führungsgüte. Ein solches Kriterium
wird von einigen Betrieben als Grundlage der Prämiierung der Anlagenfahrer angestrebt, es ist jedoch bei manueller Auswertung der Registrierstreifen zu aufwendig.

1.3.3. *Bilanzierung durch maschinelle Auswertung von Betriebsregistrierstreifen*

Die Bilanzierung mit Hilfe eines Prozeßrechners, dem von einer Meßwerterfassungsanlage die Meßwerte zugeführt werden, stellt zwar den höchsten Automatisierungsgrad dar, setzt aber auch beträchtliche Investitionen voraus. Bei bereits ausgebauten Produktionsprozessen, die mit dezentral arbeitenden Automatisierungseinrichtungen ausgerüstet sind, oder Produktionsprozessen mit einem wertmäßig geringen Stoff- und Energiedurchsatz, sind Investitionen in dieser Höhe oft nicht gerechtfertigt. Die manuelle Auswertung hingegen ist sehr zeitraubend und die Näherungen für schwierige Fälle äußerst ungenau. In vielen Fällen stellt die Auswertung von Registrierstreifen mit Hilfe eines Rechners einen günstigen

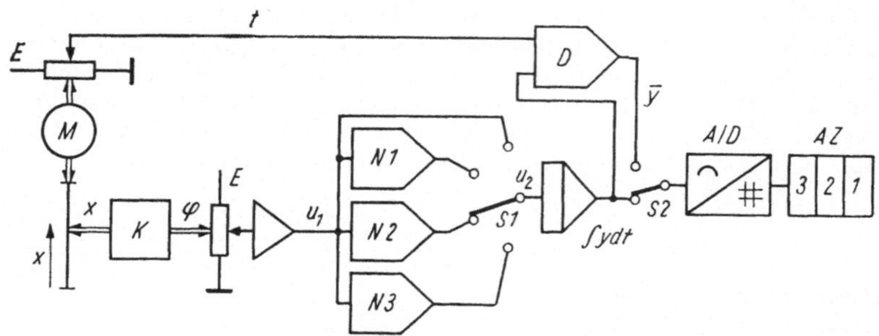

Bild 18. Zur Wirkungsweise eines Registrierstreifenauswertegerätes

Kompromiß dar. Anschließend sei ein einfaches Registrierstreifenauswertegerät beschrieben. Bild 18 veranschaulicht die Wirkungsweise. Während sich der im Auswertegerät eingespannte Registrierstreifen von einem — Synchronmotor getrieben — unter einem Abtaststift entlangbewegt, muß der Auswertende den Abtaststift entlang der Ordinate des Streifens so führen, daß der Stift die auf dem Streifen aufgezeichnete Kurve nachzeichnet. Die Bewegung des Abtaststiftes wird über eine Kinematik K auf ein Potentiometer übertragen. Das Potentiometer liefert am Ausgang eine dem geometrischen Ordinatenwert x proportionale Spannung. Besitzt das Registriergerät, von dem der Registrierstreifen stammt, eine lineare Kennlinie, so ist der Ordinatenwert x und damit die Spannung u_1 auch dem physikalischen Meßwert proportional. Bei nichtlinearer Kennlinie des Registriergerätes muß die Größe u_1 nichtlinear entzerrt werden. Das geschieht dadurch, daß die Größe u_1 eines der nichtlinearen Funktionsglieder, im Bild 18 $N1$ bis $N3$, durchläuft. Das gewünschte Funktionsglied wird mit dem Schalter $S1$ ausgewählt. Am Ausgang des Integrators liegt das Zeitintegral der Meßgröße als Spannung vor. In der gezeichneten Stellung des Schalters $S2$ wird nach Abschluß der Integration diese Spannung vom A/D-Umsetzer in einen digitalen Wert umgesetzt und von der Anzeigeeinheit AZ angezeigt. Interessiert statt des Integrals der Mittelwert, so muß der Integralwert durch die Integrationszeit dividiert werden. Die Integrationszeit ist gleich dem Abszissenwert des Registrierstreifens.

Der Abszissenwert ist dem Drehwinkel des Motors proportional. Wird der Drehwinkel des Motors auf den Schleifer eines Potentiometers übertragen, so ist die Ausgangsspannung des Potentiometers proportional der Integrationszeit.

Möglichkeiten der automatischen Abtastung

Die im Bild 18 vorausgesetzte manuelle Nachführung des Abtaststiftes entlang der Kurve ist zeitraubend und ermüdend. Je nach Verlauf der Kurve benötigt die auswertende Person für die Abtastung eines Streifens von 48 cm Länge, auf dem ein 24stündiger Verlauf einer Meßgröße registriert ist, 20 bis 60 Sekunden. Dabei ist die Konzentration der auswertenden Person sehr hoch, so daß eine achtstündige Arbeitsdauer ohne längere Pausen nicht zumutbar ist. Aus diesen Gründen wird der automatischen Abtastung größte Bedeutung beigemessen.

Abtastung mit Hilfe eines Nachlaufreglers mit optischem Abtastkopf

Bild 19 zeigt den Abtastkopf A über einem Registrierstreifen R. Eine Lampe L beleuchtet über eine Optik O ein Flächenelement F. Über eine zweite Optik wird die Fläche F auf eine Fotodiode D projiziert. Unter der Voraussetzung, daß der von L ausgehende Lichtstrom konstant ist, hängt der Lichtstrom, der die Fotodiode erreicht, von der Beschaffenheit

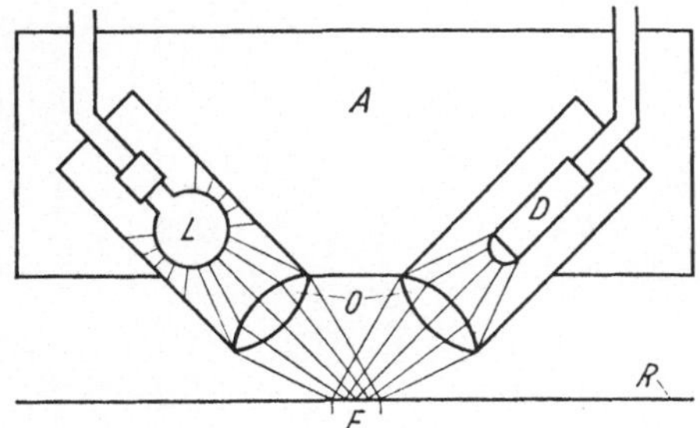

Bild 19. Optischer Abtastkopf
A Abtastkopf komplett; L Lampe; D Fotodiode; O Optik; R Registrierstreifen; F erfaßte Fläche

der Fläche F ab. Bild 20 zeigt den Verlauf des Fotostromes x_a in Abhängigkeit von der Stellung des Abtastkopfes x_e. Die von der Fotodiode erfaßte Fläche F und die Strichstärke der registrierten Funktion sind stark vergrößert dargestellt. Bei kleinen Werten von x_e erfaßt die Fotozelle eine weiße Papierfläche des unbeschriebenen Registrierstreifens und gibt den maximalen Fotostrom ab. Bei $x_e = x_1$ berührt die Oberkante der Fläche F die Unterkante der Registrierkurve. Wird x_e über x_1 hinaus vergrößert, so nimmt der Fotostrom immer mehr ab, da ein immer größerer Teil des Flächenelementes F geschwärzt ist. Bei $x_e = x_3$ ist schließlich das ganze Flächenelement in die Strichbreite eingetaucht. Die Fotodiode gibt nur noch den Dunkelstrom ab. Der Fotostrom, der von der

Diode abgegeben wird, wenn die Hälfte der erfaßten Fläche geschwärzt ist, wird mit x_s bezeichnet. Bild 21 veranschaulicht die Wirkungsweise der ganzen Abtasteinrichtung. Voraussetzung für die Funktion ist, daß

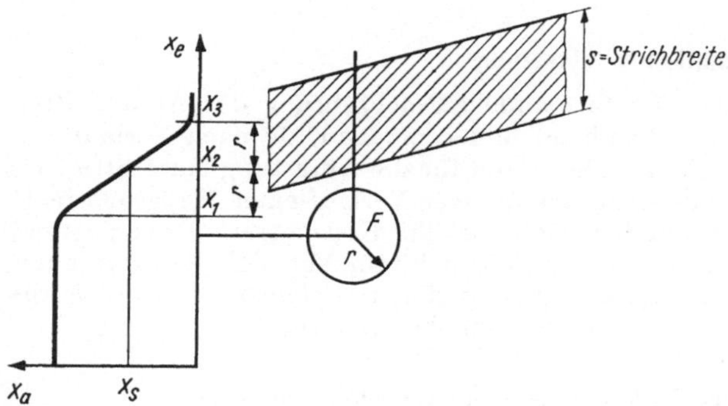

Bild 20. Zur Wirkungsweise des optischen Abtastkopfes

sich zu Beginn des Abtastvorganges der Abtastkopf unterhalb der abzutastenden Kurve befindet. Die Fotodiode gibt einen Strom x ab, der größer als der Sollwert x_s ist. Das hat eine positive Regelabweichung x_w zur Folge. Die Regelabweichung x_w gelangt über den Regelverstärker RV

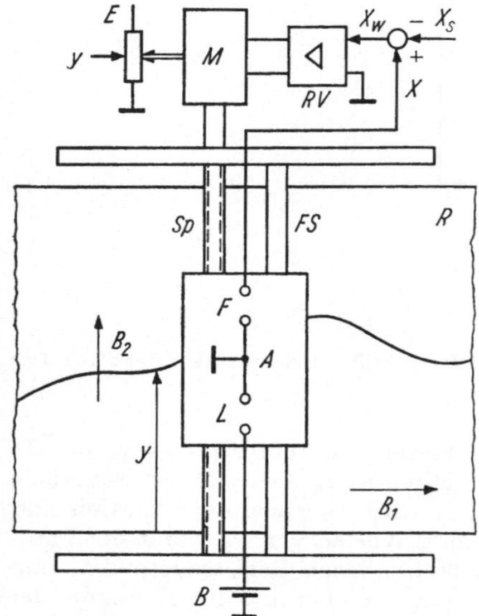

Bild 21. Zur Wirkungsweise der optischen Abtasteinrichtung

A Abtastkopf; L Lampenanschlüsse; F Anschlüsse der Fotodiode; B Batterie; R Registrierstreifen; RV Regelverstärker; M Motor; Sp Spindel; FS Führungsschiene; B_1 Bewegungsrichtung des Registrierstreifens; B_2 Bewegungsrichtung des Kopfes bei positiver Regelabweichung x_w

an den Motor M, der mit Hilfe der Spindel Sp den Abtastkopf entlang
der Führungsschiene FS bewegt. Verstärker und Motor sind so gepolt,
daß eine positive Regelabweichung x_w eine Bewegung des Abtastkopfes
in Richtung B_2 zur Folge hat. Taucht das von der Fotodiode erfaßte
Flächenelement zur Hälfte in den geschwärzten Strich ein, so erreicht x
den Wert x_s. Damit wird der Regelvorgang abgeschlossen. B_1 zeigt die
Bewegungsrichtung des Registrierstreifens. Bei dem gewählten Kurven-
verlauf hat eine Bewegung des Registrierstreifens bei ruhendem Abtastkopf zur Folge, daß das Flächenelement tiefer in die Strichbreite ein-
taucht. Das hat eine Verkleinerung von x und damit ein negatives x_w
zur Folge. Die Vorzeichenänderung von x_w ist mit einer Änderung der
Drehrichtung des Motors verbunden. Damit ist qualitativ die Funktions-
fähigkeit der Abtasteinrichtung sichergestellt.

Nachteile des Verfahrens:

1. Reißt beim Registriergerät der Tintenfluß kurzzeitig ab, so entsteht
   im Funktionsverlauf eine kleine Lücke. Dieser relativ häufig vorkommende Fehler, der bei manueller Nachführung von untergeordneter
   Bedeutung ist, setzt die beschriebene automatische Registriereinrichtung außer Funktion. Findet der Abtastkopf nämlich auf seinem Weg
   von unten nach oben nicht die geschwärzte Kurve, so fährt er in den
   oberen Anschlag und verharrt dort

2. Einem Sprung der Zeitfunktion kann die Nachlaufeinrichtung nicht
   unmittelbar folgen. Springt mit fortschreitender Zeit die Kurve zu
   niederen Ordinatenwerten, so gelangt der Abtastkopf in das Gebiet
   oberhalb der Kurve und fährt, wie im Fall 1, gegen den oberen Anschlag. Um das zu verhindern, muß ein sehr geringer Papiervorschub
   gewählt werden

3. Bei sehr schnellen Änderungen der Meßgröße, vermag das Registriergerät, wegen der endlichen Strichstärke, die Zeitfunktion nicht mehr
   aufzulösen. Es entstehen sogenannte Tintenbäche. Bei manueller Abtastung ist der durch einen Tintenbach verursachte Fehler gering, weil
   die auswertende Person den Abtaststift mitten durch den Tintenbach
   hindurchführt. Die Nachlaufeinrichtung führt jedoch den Abtastkopf
   entlang der Unterkante des Tintenbaches

4. Bei Registrierstreifen, die von Punktschreibern stammen, ist das beschriebene Verfahren nicht anwendbar

Diskontinuierliche Abtastverfahren

Die diskontinuierlichen Abtastverfahren schließen eine Reihe von Fehlern, die bei der Abtastung mit Hilfe eines Nachlaufreglers entstehen,
aus. Bild 22 veranschaulicht die diskontinuierliche Abtastung. Die regi-
strierte Zeitfunktion wird in äquidistanten Zeitabständen abgetastet. Hat
der Kurvenzug eine kleine Unterbrechung und fällt in diesen Zeitraum
eine Abtastung (im Bild 22 bei t_3), so wird ein Gerät mit einfacher Strategie statt des wahren Meßwertes y den maximalen y_{max} erfassen. Durch
erhöhten Aufwand ist es möglich, diesen Fehler zu reduzieren. Wird z. B.
der letzte Abtastwert gespeichert, so kann, wenn der neue Abtastwert

unwahrscheinlich ist, statt seiner der letzte berücksichtigt werden. Ungeachtet der Möglichkeit, durch eine aufwendige Strategie die durch Kurvenlücken verursachten Fehler weitgehend zu eliminieren, haben bei diskontinuierlichen Abtastverfahren Kurvenlücken keine entscheidenden Fehler zur Folge. Während der Abtastkopf beim Nachlaufverfahren nach einer Lücke statt der Kurve dem Wert $y = y_{max}$ folgt, liefert das diskontinuierliche Verfahren, sofern die Lücke vorbei ist, wieder richtige Abtastwerte.

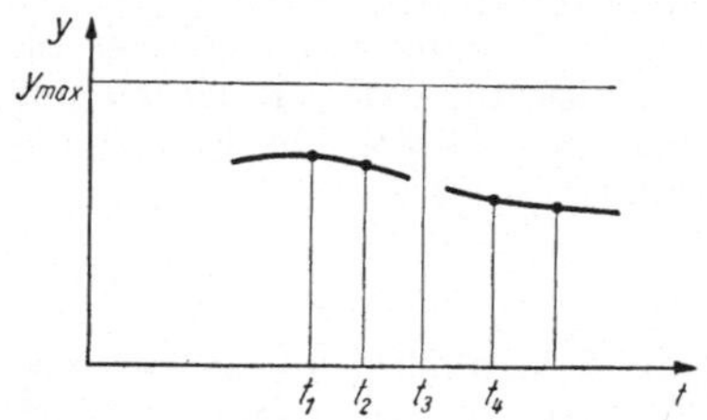

Bild 22
Zur diskontinuierlichen Abtastung

Optische Abtastung zu diskreten Zeitpunkten

Bild 23 veranschaulicht die Abtastung mit Hilfe eines Polygonspiegels. Der von der Lichtquelle $L1$ ausgehende Lichtstrahl wird vom Polygonspiegel PS auf den Registrierstreifen geworfen. Der vom Registrierstreifen reflektierte Strahl wird vom Hohlspiegel HS aufgefangen und zur Fotodiode $D1$ gelenkt. Während der Drehung des Polygonspiegels wandert der Lichtstrahl auf dem Registrierstreifen vom Punkt A zum Punkt B.

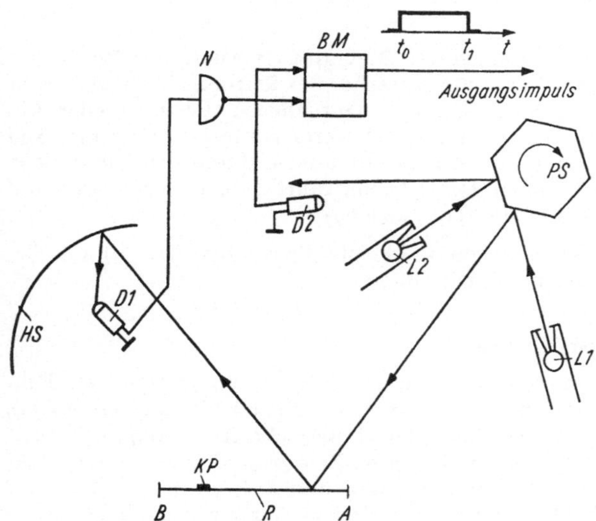

Bild 23. Zur Abtastung mit Hilfe eines Polygonspiegels

R Registrierstreifen; KP Kurvenpunkt; PS Polygonspiegel; HS Hohlspiegel; $L1$ und $L2$ Lichtquellen; $D1$ und $D2$ Fotodioden; N Negator; BM bistabiler Multivibrator

Überstreicht der Lichtstrahl auf diesem Wege den Kurvenpunkt KP, so wird der Lichtstrom von $L1$ nach $D1$ kurzzeitig unterbrochen. Ein zweites optisches System $L2 - D2$, ist so justiert, daß zum Zeitpunkt t_0, da der von $L1$ ausgehende Strahl A erreicht, der von $L2$ ausgehende Strahl $D2$ trifft. Unter der Annahme, daß eine beleuchtete Diode ein L-Signal abgibt, wird $D2$ zum Zeitpunkt t_0 den Ausgang des bistabilen Multivibrators BM in die L-Lage bringen. Während der Lichtstrahl von A nach KP wandert, liegt am Ausgang von $D1$ gleichfalls ein L-Signal. Dieses Signal wirkt jedoch über einen Negator N auf den zweiten Eingang des bistabilen Multivibrators. Der von $L1$ ausgehende Lichtstrahl erreicht zum Zeitpunkt t_1 KP. Damit entsteht am Ausgang des Negators ein L-Signal, das den Ausgang des bistabilen Multivibrators in die Nullage bringt. Die Impulslänge $t_1 - t_0$ ist proportional dem Meßwert y. Wird der Registrierstreifen unter der Abtasteinrichtung vorbeibewegt, so wiederholt sich die beschriebene Abtastung bei verschiedenen Abszissenwerten. Die Addition der Impulslängen entspricht dem Integral der Zeitfunktion.

Elektronische Abtastung zu diskreten Zeitpunkten

Bild 24 veranschaulicht die Funktionsweise eines Gerätes, das mit einer Bildaufnahmeröhre arbeitet. Die Optik O entwirft auf dem Schirm der Bildaufnahmeröhre BA das Bild des Registrierstreifens R. Das in der Aufnahmeröhre entstandene Ladungsbild kann nun mit einem Elektronenstrahl abgetastet werden. Die Größe des Strahlstromes hängt davon ab, ob der Elektronenstrahl ein beleuchtetes oder ein unbeleuchtetes

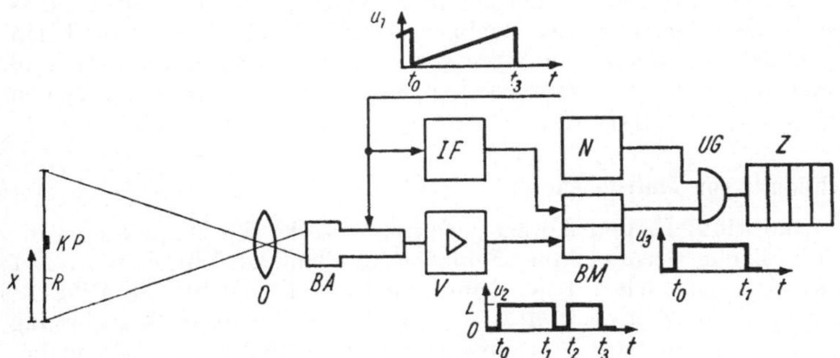

Bild 24. Zur Abtastung mit Hilfe einer Bildaufnahmeröhre

R Registrierstreifen; KP Kurvenpunkt; O Optik; BA Bildaufnahmeröhre; V Verstärker; IF Impulsformer; BM bistabiler Multivibrator; N Normalfrequenzgenerator mit der Frequenz f_N; UG UND-Gatter; Z Zähler

Flächenelement trifft. Es sei angenommen, daß ein beleuchtetes Flächenelement am Ausgang eines Auswerteverstärkers ein L- und ein unbeleuchtetes Flächenelement ein O-Signal zur Folge hat. In der Bildaufnahmeröhre wird nur eine Spalte des abgebildeten Registrierstreifens abgetastet. $u_1(t)$ zeigt die der Aufnahmeröhre zugeführte Ablenkspannung und $u_2(t)$ den zu einer Spaltenabtastung gehörenden Ausgangsimpuls. Entsprechend der Lage des Kurvenpunktes KP in dieser Spalte hat der Ausgangsimpuls an der Stelle $t = t_1$ eine Nullstelle. Die Auswertung des

Ausgangsimpulses geschieht folgendermaßen. Der Impulsformer IF leitet aus der steilen Rücklaufflanke der Ablenkspannung einen kurzen L-Impuls ab, der zum Zeitpunkt t_0, zu Beginn einer Spaltenabtastung, den Ausgang des bistabilen Multivibrators BM in die Lage L bringt. Der L→O-Übergang des Ausgangsimpulses stellt den Ausgang des bistabilen Multivibrators wieder auf O zurück. Am Ausgang des bistabilen Multivibrators liegt damit ein Impuls vor, dessen Länge T proportional dem Ordinatenwert x der abgetasteten Kurve ist. Die von einem Normalfrequenzgenerator N ausgehenden Impulse werden mit Hilfe eines UND-Gliedes UG für die Impulsdauer des Ausgangsimpulses von BM zum Zähler Z durchgeschaltet. Die bei einer Abtastung eingezählte Impulszahl ist proportional dem Ordinatenwert x. Da das Zeitintervall Δt zwischen zwei aufeinanderfolgenden Abtastungen konstant ist, ist die Impulszahl gleichzeitig dem Flächenelement ΔF mit der Höhe x und der Breite Δt proportional. Zählt Z bei den aufeinanderfolgenden Abtastungen fortlaufend, so ist der Zählerinhalt I proportional der Fläche unter der Treppenkurve. Damit ist

$$\int\limits_{t}^{t+n\Delta t} x\,\mathrm{d}t \approx \sum_{i=1}^{n} \Delta F_i = K \cdot I \text{ , wobei } K = \frac{\Delta t}{K_1}$$

Dabei ist Δt der zeitliche Abstand zweier aufeinanderfolgender Impulse. K_1 gibt die Zahl der Impulse an, die je cm Abtastweg abgegeben werden. Soll bei der Auswertung eine nichtlineare Kennlinie der Meß- oder Registriereinrichtung berücksichtigt werden, so ist dem Auswertegerät nach Bild 24 ein Digitalrechner anzuschließen. Nach jeder Abtastung eines Ordinatenwertes übernimmt der Rechner den Zählerinhalt und löscht den Zähler anschließend. Bis zur nächsten Übernahme des Zählerinhaltes muß der Rechner die erste Zahl entsprechend der vorgegebenen mathematischen Funktion ausgewertet haben.

Berücksichtigung von Tintenbächen

Bei den diskontinuierlichen Abtastverfahren besteht die Möglichkeit, die durch Tintenbäche verursachten Fehler weitgehend zu eliminieren. Der Breite des Kurvenstriches bzw. Tintenbaches entspricht im Bild 24 Diagramm $u_2\,(t)$ das Zeitintervall $t_2 - t_1$. Bei einer korrekten Auswertung müßte die halbe Breite des Tintenbaches als zum Meßwert gehörend betrachtet werden. Durch eine Ergänzung der Einrichtung nach Bild 24 ist eine solche Auswertung möglich. Aus dem Spannungsverlauf $u_2\,(t)$ wird ein L-Impuls abgeleitet, der bei t_1 beginnt und bei t_2 endet. Mit Hilfe eines Frequenzteilers wird die Frequenz $f_N/2$ gebildet und über ein zweites UND-Glied während der Zeit t_1 bis t_2 auf den Zähler gegeben. Damit werden in den Zähler im Zeitintervall t_0 bis t_1, das dem Ordinatenwert der Unterkante der Kurve entspricht, Impulse der Frequenz f_N eingezählt. Im Zeitintervall t_1 bis t_2, das der Breite des Kurvenstriches bzw. des Tintenbaches entspricht, werden in den Zähler Impulse der Frequenz $f_N/2$ eingezählt. Die von der Tinte überdeckte Strecke wird also mit dem Gewicht 0,5 bewertet. Das bedeutet, daß bei der Erfassung der Mittelpunkt des Tintenbaches bzw. Kurvenstriches als Ordinatenwert der Kurve aufgefaßt wird.

Auswertung von Registrierstreifen, die von Punkt- oder Mehrfachschreibern stammen

Eine Kurve, die durch eine Punktfolge dargestellt ist, kann nach dem beschriebenen Verfahren abgetastet werden, sofern der Abszissenabstand zweier Abtastungen kleiner als der Punktdurchmesser ist. Durch die damit verbundene große Abtasthäufigkeit erhöht sich die für die Abtastung eines Diagramms benötigte Zeit beträchtlich. Für die Auswertung dürfen nur die erfolgreichen Abtastungen herangezogen werden. Als erfolgreich werden die Abtastungen bezeichnet, die einen Kurvenpunkt erfaßt haben. Da die Zahl der erfolgreichen Abtastungen bis zu einem gewissen Grade zufällig ist, muß folgendes beachtet werden. Entweder wird jeder nicht erfolgreichen Abtastung der Wert der vorangegangenen erfolgreichen Abtastung zugeordnet, oder es muß ausgeschlossen werden, daß ein Kurvenpunkt mehrfach berücksichtigt wird. Die mehrfache Berücksichtigung eines Kurvenpunktes wird ausgeschlossen, wenn von mehreren aufeinanderfolgenden erfolgreichen Abtastungen nur die erste berücksichtigt wird. Sind die zu verschiedenen Kurven gehörenden Punkte verschiedenfarbig, so können auch von Mehrfachschreibern stammende Registrierstreifen ausgewertet werden. Jede Farbe wird dabei von einem für sie bestimmten Filter ausgewählt.

2.   Rechner zur Erhöhung der Meßgenauigkeit

Bei vielen Prozessen liegt der ökonomischste Arbeitspunkt jenseits der Sicherheitsgrenzen, die beim Betrieb eingehalten werden müssen. Der bestmöglichste Arbeitspunkt fällt mit der Sicherheitsgrenze zusammen. Die Überschreitung dieser Sicherheitsgrenze muß in jedem Fall vermieden werden. Das kann nur ein Arbeitspunkt gewährleisten, der im sicheren Gebiet liegt und dessen Abstand von der Sicherheitsgrenze größer als der größtmöglichste Meßfehler ist. Durch Erhöhung der Meßgenauigkeit ist man in der Lage, die Sicherheit oder bei Änderung des Arbeitspunktes die Ökonomie des Prozesses zu erhöhen. In solchen Fällen ist eine Aufwandsteigerung für die Erhöhung der Meßgenauigkeit gerechtfertigt. Neben den rein meßtechnischen Maßnahmen bietet auch ein Rechner Möglichkeiten zur Erhöhung der Meßgenauigkeit.
Der unter Punkt 1.1.3. geschilderte Rechnereinsatz stellt bereits einen Fall dar, in dem durch einen Rechner der Meßwert verbessert wird. In der üblichen Betriebsmeßtechnik wird beim Blendenmeßverfahren die Größe $K\sqrt{\Delta p}$ als Durchfluß verwendet. Die Berücksichtigung von Temperatur und Druck wird als Korrektur aufgefaßt und das Ergebnis als korrigierter Durchfluß bezeichnet.
Die gleiche Wirkung wird erzielt, wenn eine Meßgröße, die von einem nichtlinear arbeitenden Meßglied stammt, mit Hilfe eines Rechners linearisiert wird. Eine solche Linearisierung wird z. B. erforderlich, wenn mit einem Thermoelement ein großer Temperaturbereich mit großer Genauigkeit erfaßt werden soll. Der Linearitätsfehler kann bei einem großen Temperaturbereich bis zu 1% betragen. Eine weitere Möglichkeit zur

Erhöhung der Meßgenauigkeit besteht im Einsatz eines Rechners als
Eichautomat. Dieser Einsatzfall unterscheidet sich von den unter 1.1.
angeführten Beispielen grundsätzlich.
Viele Meßeinrichtungen enthalten Gerätebeiwerte, die zeitlich veränderlich sind. Solche Änderungen können z. B. auf den Einfluß sich langsam
ändernder physikalischer Größen oder auf Verschleiß zurückgeführt werden. Diese zeitvariablen Gerätebeiwerte verursachen fehlerhafte Meß-
ergebnisse. Häufig ist es möglich, ein weiteres Meßverfahren anzuwenden,
das zwar sehr langsam arbeitet, jedoch eine Gerätekonstante besitzt, die
zeitinvariant ist. In solchen Fällen kann ein Rechner eingesetzt werden,

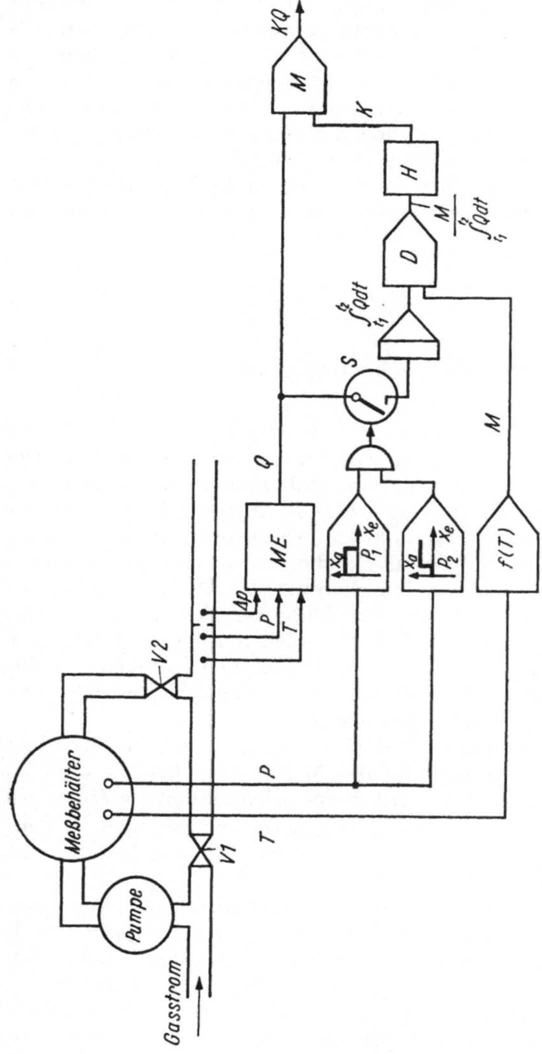

Bild 25. Automatische Eicheinrichtung

der mit Hilfe des langsamen Meßverfahrens das schnelle Meßverfahren automatisch korrigiert, wenn sich dessen Gerätebeiwert verändert hat. Bei Blendendurchflußmessungen kann sich beispielsweise die Blendenöffnung durch Produktanlagerung verkleinern oder durch Erosion vergrößern und damit der Beiwert der Meßblende ändern. Es ist jedoch möglich, den Durchfluß in Intervallen mit Hilfe eines Meßbehälters genau zu bestimmen und dadurch die Blendenmeßeinrichtung neu nachzueichen. Dieses Verfahren kann sowohl bei Flüssigkeiten, als auch bei Gasen angewandt werden. Bild 25 veranschaulicht eine automatische Eicheinrichtung, die den Einfluß von langsamen Änderungen des Meßblendenbeiwertes eliminiert.

Im normalen Betriebszustand ist das Ventil $V1$ geöffnet und das Ventil $V2$ geschlossen. Die Meßeinrichtung ME mißt mit Hilfe ihrer Meßfühler für Druck, Temperatur und Differenzdruck nach dem üblichen Blendenmeßverfahren den Durchfluß Q. Q entspricht dem wahren Durchfluß bis auf einen Proportionalfaktor K, der unbekannt ist. Der Eichvorgang beginnt mit dem Füllen des Meßbehälters. Die Pumpe arbeitet so lange, bis der Gasdruck im Meßbehälter größer als ein vorgegebener Druck p_1 ist. Danach wird das Ventil $V1$ geschlossen und das Ventil $V2$ geöffnet. Das Gas strömt nun aus dem Meßbehälter zum Verbraucher und wird dabei von der Blendenmeßeinrichtung erfaßt. Das ausströmende Gas hat eine stetige Druckverringerung im Meßbehälter zur Folge. Unterschreitet der Druck im Meßbehälter p_1, so wird über die beiden Zweipunktglieder und das UND-Glied der Schalter S geschlossen, und die Integration der Größe Q beginnt. Der Druck im Meßbehälter verringert sich mit der Zeit immer weiter und erreicht schließlich den vorgegebenen Druck p_2, bei dem die beiden Zweipunktglieder über das UND-Glied den Schalter S wieder öffnen. Damit ist die Integration der Größe Q beendet. Am Ausgang des Integrators steht die Größe

$$\int_{t_1}^{t_2} Q \, dt \tag{19}$$

zur Verfügung. Dabei entspricht t_1 dem Zeitpunkt zu dem der Behälterdruck gleich p_1 und t_2 dem Zeitpunkt, zu dem der Behälterdruck gleich p_2 ist. Da das Volumen des Behälters und die Drücke p_1 und p_2 konstant und bekannt sind, hängt die aus dem Behälter im Zeitintervall $t_2 - t_1$ geströmte Gasmenge M nur noch von der Temperatur des Gases ab. Diese Temperaturabhängigkeit $M = f(T)$ wird von einem Funktionsglied berücksichtigt, an dessen Ausgang ein genauer Wert für die Menge M zur Verfügung steht. Der Korrekturfaktor für das Blendenmeßverfahren ergibt sich aus der Beziehung

$$M = K \int_{t_1}^{t_2} Q \, dt \tag{20}$$

zu

$$K = \frac{M}{\int_{t_1}^{t_2} Q \, dt} \tag{21}$$

Dieser Korrekturwert wird mit Hilfe des Divisionsgliedes D ermittelt und vom Halteglied H gespeichert. Mit Hilfe des Multiplikators wird schließlich die Korrektur durchgeführt. Am Ausgang des Multiplikators steht die korrigierte Größe KQ zur Verfügung.

3. Einfache Führungshilfen

3.1. Grenzwertüberwachung

Bei der Führung eines technischen Prozesses, ob manuell oder automatisch, muß für die einzelnen physikalischen Größen die Einhaltung vorgegebener Toleranzbereiche garantiert sein. Überschreitungen dieser Toleranzbereiche können für die Anlage Schäden größten Ausmaßes zur Folge haben. Im einfachsten Fall werden die zu überwachenden Größen von Instrumenten angezeigt, die sich in einer Schalttafel oder einem Pult befinden. Vom Anlagenfahrer wird verlangt, daß er diese Instrumente aufmerksam beobachtet und bei Grenzwertverletzungen geeignete Maßnahmen einleitet. Diese Tätigkeit ist sehr ermüdend, außerdem kann nicht ständig mit der vollen Aufmerksamkeit des Anlagenfahrers gerechnet werden. Bei vielen Prozessen ist die Zahl der Größen, die auf Einhaltung von Grenzwerten überwacht werden müssen so groß, daß der Anlagenfahrer bei der beschriebenen Überwachungsmethode überfordert wäre. Eine automatische Grenzwertüberwachung kann ein Rechner in Verbindung mit einer Meßwerterfassungsanlage übernehmen. Bild 26 zeigt ein Signalflußbild für die Grenzwertüberwachung mit Hilfe eines Digitalrechners. Der Vorgang beginnt mit der Anwahl der Meßstelle n. n wird einer Speicherzelle entnommen, die stets die Nummer der Meßstelle beinhaltet, die als nächste abgetastet werden soll. Anschließend wird der analoge Meßwert M_a in einen für den Rechner geeigneten digitalen Kode umgesetzt. Von dem digitalen Meßwert M_d wird der untere Grenzwert G_u subtrahiert. In Abhängigkeit vom Vorzeichen des Resultates R wird im nächsten Schritt die Entscheidung über die Art der weiteren Bearbeitung gefällt. Ist $R = M_d - G_u$ negativ, so liegt eine Grenzwertunterschreitung vor. Mit der Signalisierung der Grenzwertunterschreitung ist der Vorgang abgeschlossen. Wird vom Entscheidungsglied die Entscheidungsfrage verneint, so liegt keine Grenzwertunterschreitung vor. Es muß dann geprüft werden, ob eventuell eine Überschreitung des oberen Grenzwertes vorliegt. Zu diesem Zweck wird die Differenz $M_d - G_0$ gebildet. Ist dieses Resultat positiv, so bedeutet das Grenzwertüberschreitung. Die Grenzwertüberschreitung wird dann signalisiert und n um 1 erhöht, damit die nächste Meßstelle abgetastet werden kann. Wird hingegen die zweite Entscheidungsfrage bejaht, so liegt keine Grenzwertverletzung vor. Der Meßwert liegt zwischen dem unteren und dem oberen Grenzwert. Eine Signalisierung ist nicht notwendig. Lediglich zur Vorbereitung der nächsten Abtastung wird n um 1 erhöht. Es gibt prozeßbedingte Abweichungen von diesem Schema. Häufig interessiert es den Betreiber des Prozesses nicht, ob eine Grenzwertüberschreitung oder -unterschreitung vorliegt. In diesem Fall wird lediglich eine Grenzwertverletzung gemeldet. Da eine Grenzwertverletzung unabhängig davon, ob gerade die grenzwertverletzende

Meßstelle abgetastet wird oder nicht, andauernd signalisiert werden muß, ist für jedes Grenzwertsignal ein Speicher erforderlich. Die getrennte Signalisierung von Über- und Unterschreitungen erfordert gegenüber einer einheitlichen Signalisierung aller Grenzwertverletzungen den doppelten Speicheraufwand.

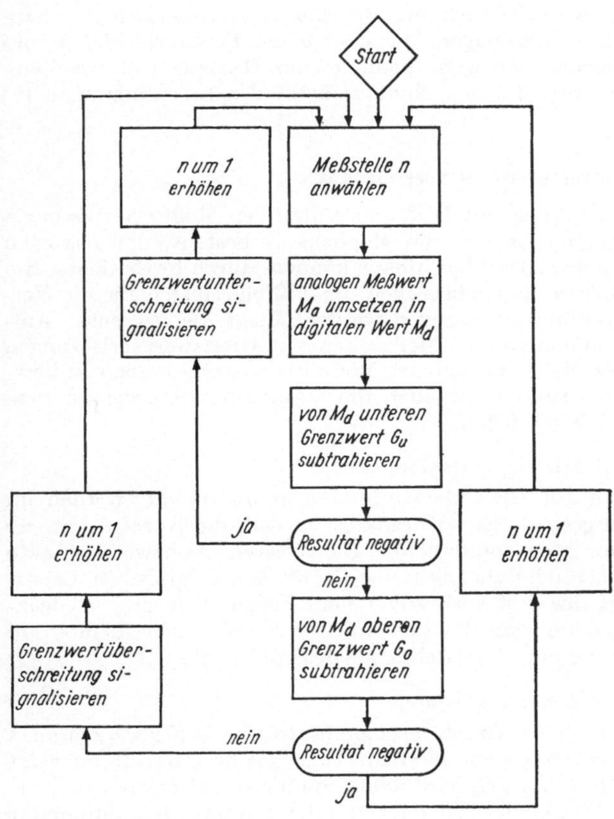

Bild 26. Zur Grenzwertüberwachung

Bei besonders kritischen Meßgrößen werden mitunter zwei Toleranzbereiche und dementsprechend zwei Alarmstufen eingeführt. Damit wächst der Aufwand bei der Überwachung. Der Meßwert muß hierbei mit zwei oberen und zwei unteren Grenzwerten verglichen werden. Liegt der Meßwert außerhalb des engen, jedoch innerhalb des weiten Toleranzbereiches, so reagiert der Anlagenfahrer mit Verstellungen von Einflußgrößen im Betriebsbereich. Hat der Meßwert den weiten Toleranzbereich verlassen, so liegt ein Havariefall vor und ein entsprechendes Havarieprogramm wird manuell oder automatisch eingeleitet.

Für die Grenzwertüberwachung ist ein Digitalrechner besonders geeignet. Einerseits ist er in der Lage, die arithmetischen Operationen und Entscheidungen durchzuführen, zum anderen besitzt er für die Konstanten G_0 und G_u, die im Extremfall für jede Meßstelle anders lauten können, genügend Speicherplätze. Trotz dieser guten technischen Eignung wird ein Rechner bei der Grenzwertüberwachung nicht ausgelastet. Ist der Einsatz eines Rechners nicht aus anderen Gründen zweckmäßig, so versucht man bei der Grenzwertüberwachung die hohen Rechnerkosten einzusparen. Meßwerterfassungsanlagen, die über einen Festwertspeicher und einen Größenvergleicher verfügen, können eine Grenzwertüberwachung auch ohne Rechner durchführen. Näheres kann der Leser hierzu in [6] finden.

Weitere Möglichkeiten zur Grenzwertüberwachung

Die Grenzwertüberwachung mit Hilfe einer digitalen Meßwerterfassungsanlage ist sehr elegant, da hier die Möglichkeit besteht, die gestörten Meßstellen auszudrucken. Darüber hinaus können, durch fortlaufende Registrierung verschiedener Betriebsgrößen, Schlußfolgerungen für die Verbesserung der Prozeßführung gezogen werden. Liegt die begrenzte Aufgabenstellung vor, einige wenige Meßgrößen auf Grenzwertverletzungen zu überwachen, so ist der Einsatz einer Meßwerterfassungsanlage zu kostspielig. Aus diesem Grund seien auch die einfachen Grenzwertüberwachungseinrichtungen beschrieben.

a) *Anzeigeinstrument mit Grenzwertkontakten*

Meßgrößen, die man auf Grenzwertverletzungen überwacht, werden im allgemeinen auch angezeigt. Es ist deshalb sinnvoll, die Anzeige mit der Grenzwertüberwachung zu kombinieren. Die meisten Grenzwertkontakte arbeiten auf optischer oder magnetischer Basis. Beim optischen Grenzwertkontakt bewegt das Meßwerk außer dem Zeiger noch eine Abdeckfahne, die bei Überschreitung des oberen Grenzwertes einen Lichtstrahl unterbricht und damit ein elektrisches Meldesignal auslöst.

b) *Elektronische Grenzwertsignalisatoren*

Analytisch gesehen muß der Grenzwertsignalisator die Differenz zwischen Meß- und Grenzwert feststellen können. Eine solche Anordnung zeigt Bild 27. Der obere Grenzwert G_0 wird dem Summator mit negativem Vorzeichen zugeführt. Wegen der Vorzeichenumkehr durch den Summator

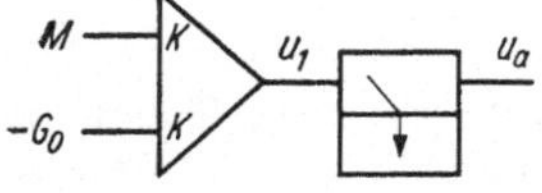

Bild 27. Grenzwertsignalisator gebildet aus Summator und Schmitt-Trigger

entspricht die Grenzwertüberschreitung, d. h. $M > G_0$ einer negativen Summe u_1. Ist die Ansprechschwelle des nachgeschalteten Schmitt-Triggers erreicht, so gibt er ein L-Signal ab, das zur Signalisierung der Überschreitung dienen kann. Die Bewertungsfaktoren K müssen groß gewählt werden, damit die Ansprechschwelle des Triggers einen möglichst kleinen Fehler verursacht.

Bild 28 zeigt einen analogen Grenzwertsignalisator, der als spezielles Rechenglied realisiert worden ist. Das Glied unterscheidet sich von einem Summator lediglich dadurch, daß sich in der Rückführung statt eines Widerstandes eine Zenerdiode befindet. Solange $M < G_0$ ist, wirkt in der Rückführung der äußerst kleine Durchlaßwiderstand der Zenerdiode, so

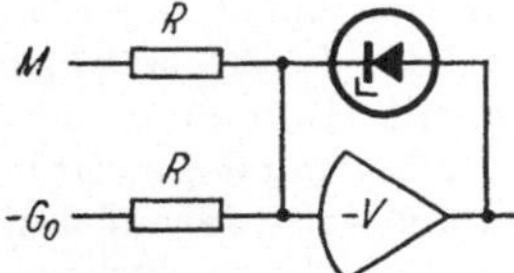

Bild 28. Analoger Grenzwertsignalisator

daß die Ausgangsspannung u_a nahezu Null ist. Ist M gleich oder nur differentiell größer als G_0, so wird die Zenerdiode in Sperrichtung betrieben, und es wirkt der große Sperrwiderstand R_s der Diode. Damit wird der Bewertungsfaktor R_s/R sehr groß, so daß u_a das verbotene Gebiet zwischen O- und L-Signal schnell durchläuft. Die Ansprechschwelle liegt bei

$$\varepsilon = \frac{u_L \cdot R}{R_s} \; . \tag{22}$$

Dabei ist u_L die das L-Signal repräsentierende Spannung. Erreicht die Ausgangsspannung u_a die Zenerspannung u_z, so wirkt die Zenerdiode wie eine Spannungsquelle und hält die Ausgangsspannung $u_a = -u_z$ konstant, unabhängig davon, wie weit der Grenzwert G_0 überschritten ist. Bei geeigneter Wahl von u_z hat eine Grenzwertüberschreitung ($M > G_0 + \varepsilon$) am Ausgang ein L-Signal zur Folge.

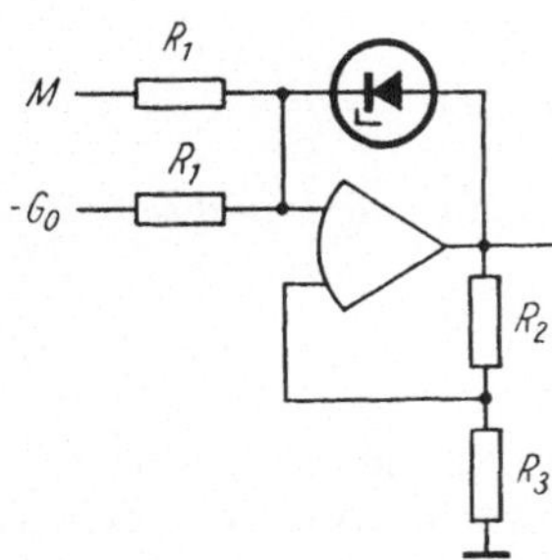

Bild 29. Analoger Grenzwertsignalisator mit Hystereseverhalten

Der Grenzwertsignalisator nach Bild 29 zeigt gegenüber dem nach Bild 28 ein etwas unterschiedliches Verhalten.

1. Die Flankensteilheit des O → L bzw. des L → O Überganges hängt beim Grenzwertsignalisator nach Bild 28 von der Änderungsgeschwindigkeit von M ab

2. Bleibt längere Zeit $M = G_0$, so kann auf Grund von Entscheidungsunsicherheiten die Ausgangsgröße u_a beim Grenzwertsignalisator nach Bild 28 andauernd zwischen O und L pendeln

Der Grenzwertsignalisator nach Bild 29 zeigt ein Kippverhalten mit Hysterese. Hat M den Ansprechwert erreicht, so kippt das Glied mit einer großen Flankensteilheit aus der einen in die andere stabile Lage. Die Flankensteilheit ist unabhängig von der Änderungsgeschwindigkeit der Meßgröße M. Der Ansprechwert ist richtungsabhängig. Erfolgt der O→L-Sprung bei $M = G_0$, so erfolgt der Rücksprung L → O erst bei $M = G_0 - h$, dabei ist h die Breite der Hysterese. Da h größer als die zufälligen Schwankungen des Ansprechwertes ist, verharrt das Glied bei $M = G_0$ in einer Lage. Erreicht wird das gewünschte Kippverhalten mit Hilfe einer positiven Rückkopplung, die mit Hilfe der Widerstände R_2, R_3 und des zweiten Verstärkereingangs realisiert wird. Das $+v$ am Eingang weist darauf hin, daß zwischen Ausgang und Eingang keine Phasenverschiebung vorliegt, während mit $-v$ zum Ausdruck gebracht wird, daß zwischen Ausgang und Eingang eine Phasenverschiebung von 180° besteht.

Überwachung mehrerer Meßstellen

Sind mehrere Grenzwerte vorgegeben, so ist es durchaus nicht notwendig, die gleiche Zahl von entsprechenden Spannungen bereitzustellen. In der Annahme, daß alle Grenzwerte G_{01} bis G_{0n} positiv sind, genügt eine einzige Spannungsquelle $-E$.

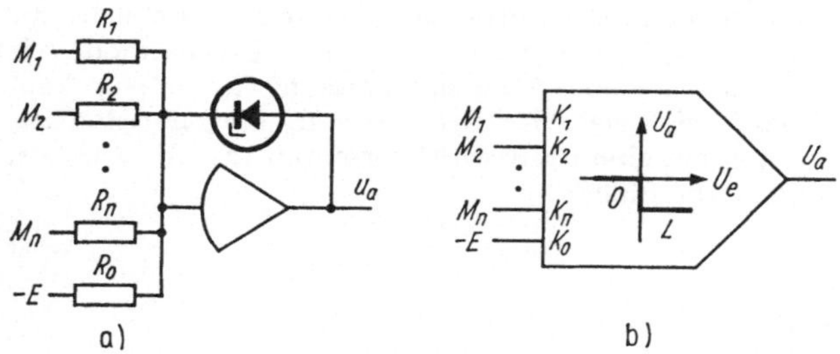

Bild 30. Grenzwertsignalisator mit mehreren Eingängen mit unterschiedlicher Bewertung
a) Schaltung, b) Symbol

Bei den Grenzwertsignalisatoren nach den Bildern 28 und 29 wurde vorausgesetzt, daß die beiden Eingangswiderstände gleich groß sind. Sollen mehrere Meßstellen mit einem Signalisator auf Grenzwertüberschreitungen überwacht werden, so ist es sinnvoll, den Signalisator mit mehreren Eingangswiderständen zu versehen, die nacheinander benutzt werden und deren Größe durch die Meßstelle vorgegeben wird. Die Bilder 30a und 30b zeigen einen Grenzwertsignalisator mit mehreren unterschiedlich bewerteten Eingängen. Die Zweipunktkennlinie im Symbol definiert das Verhalten des Gliedes

$$u_a = O \qquad \text{bei } u_e < O$$
$$u_a = L \qquad \text{bei } u_e \geqq O$$

$$(23)$$

Dabei ist u_e gleich der bewerteten Summe der beschalteten Eingänge.
Gleichzeitig sind nur zwei Eingänge des Grenzwertsignalisators beschaltet.
An einem Eingang liegt die Einheitsspannung $-E$ und am anderen die
Meßgröße M_i.
Damit ist:

$$u_e = M_i K_i - E K_0 \qquad (24)$$

Der Signalisator spricht bei $u_e = 0$ an, das entspricht

$$M_i = \frac{E K_0}{K_i} \qquad (24)$$

Da wunschgemäß die Grenzwertmeldung erfolgen soll, wenn M_i den
Wert G_{0i} überschreitet, muß gelten

$$G_{0i} = \frac{E K_0}{K_i} \qquad (25)$$

und wegen der Proportionalität von K und $1/R$

$$G_{0i} = \frac{E}{R_0} \cdot R_i \qquad (26)$$

Gl. (26) enthält die Vorschrift für die Einstellung der Grenzwerte G_{0i}
mit Hilfe der Widerstände R_i. Der Grenzwertsignalisator kann auch für
die Überwachung von Grenzwertunterschreitungen eingesetzt werden, sofern die entsprechenden unteren Grenzwerte G_{ui} in der oben beschriebenen

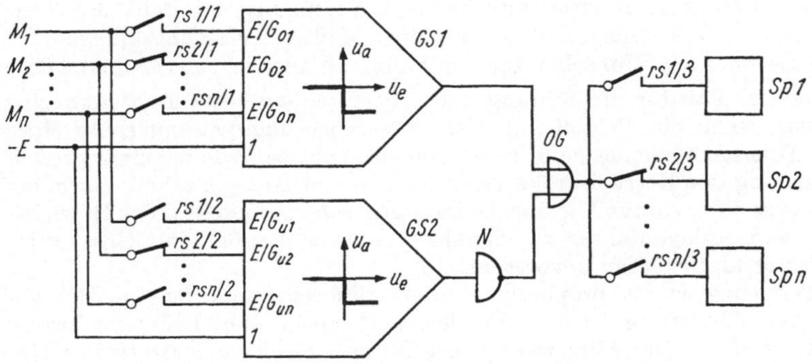

*Bild 31. Aufbau einer Grenzwertüberwachungseinrichtung mit n oberen und n
unteren Grenzwerten mit analogem Grenzwertvergleich*

Weise eingestellt werden. Es ist allerdings zu beachten, daß Grenzwertüberschreitungen durch ein L- und Grenzwertunterschreitungen durch
ein O-Signal gemeldet werden. Bild 31 zeigt eine Grenzwertüberwachungseinrichtung für n Meßstellen mit jeweils einem oberen und einem unteren
Grenzwert. Ein Meßstellenumschalter, zu dem die Schalter *rs1* bis *rsn*

gehören, schaltet die Meßgrößen M_1 bis M_n nacheinander an die Überwachungseinrichtung. Im Bild 31 ist gerade M_2 mit der Überwachungseinrichtung verbunden. *Gs1* meldet Grenzwertüberschreitungen durch ein L- und *Gs2* Grenzwertunterschreitungen durch ein O-Signal. Der Negator N und das ODER-Glied *OG* fassen die Signale zu einem L-Signal zusammen, das eine Grenzwertverletzung meldet. Das Ausgangssignal des ODER-Gliedes gelangt über den Schalter *rs2/3* zum Zweipunktspeicher *Sp2* und wird hier bis zur nächsten Abtastung der Meßgröße M_2 gespeichert.

3.2. Tendenzwertüberwachung

Befindet sich eine Betriebsgröße am Rande des zulässigen Toleranzbereiches, so wird der Anlagenfahrer Maßnahmen ergreifen, die diese Größe dem vorgeschriebenen Sollwert näherbringt. Kennt der Anlagenfahrer neben dem Momentanwert der Größe auch ihre Tendenz, so sind seine Entscheidungen besser begründet. Insbesondere dann ist die Kenntnis der Tendenz wichtig, wenn es sich um einen Prozeß handelt, der eine große Verzögerungszeit besitzt. Bewegt sich nämlich die Betriebsgröße vom Rand des Toleranzbereiches auf den Sollwert zu, so braucht der Anlagenfahrer eventuell keine oder nur eine geringe Verstellung vorzunehmen. Eine wesentlich größere Verstellung wird sich erforderlich machen, wenn die Betriebsgröße zwar denselben Wert hat, sich jedoch vom Sollwert entfernt. Bei der konventionellen Ausrüstung der Prozesse werden alle wichtigen Betriebsgrößen von Schreibern registriert. Der Registrierstreifen vermittelt dem Anlagenfahrer einen vorzüglichen Überblick über die Betriebsgröße, der über die einfache Angabe einer Tendenz weit hinausgeht. Nun hat aber die zentralisierte Meßwerterfassung zum Ziel, den größten Teil der analogen Registriergeräte einzusparen. Steht dem Anlagenfahrer kein Registrierstreifen zur Verfügung, so stellt der Tendenzwert, den der Anlagenfahrer von einer Meßwerterfassungsanlage oder einem Rechner auf Wunsch anfordern kann, ein nützliches Hilfsmittel dar.

Ein anderer Fall für die Bildung und Überwachung eines Tendenzwertes liegt vor, wenn ein Prozeß mit kleiner Verzögerungszeit innerhalb eines engen Toleranzbereiches geführt werden soll. Ebenso, wie bei einer großen Abweichung der Betriebsgröße vom Sollwert der Anlagenfahrer alarmiert wird, ist es auch sinnvoll, große Änderungsgeschwindigkeiten der Betriebsgröße dem Anlagenfahrer zu signalisieren, weil häufig eine Grenzwertverletzung unmittelbar bevorsteht.

Der Tendenzwert ist proportional dem Differenzenquotienten. Bei periodischer Abtastung ist der Tendenzwert gleich der Differenz zweier aufeinanderfolgender Abtastwerte. Die Bildung des Tendenzwertes ist einfach. Aufwendig ist lediglich die Speicherung des letzten Abtastwertes, der für die Bildung des Tendenzwertes erforderlich ist. Ist der Tendenzwert gebildet, so kann er genau wie ein Meßwert auf Grenzwertverletzungen überwacht werden.

3.3. Extremwert-, Extremortauswahl [13] [21]

Der Anlagenfahrer ist häufig durch die große Zahl der Instrumente, die er zu überwachen hat, überfordert. Insbesondere ist es ermüdend, eine große Zahl von Instrumenten andauernd zu beobachten, die lediglich normale Betriebszustände anzeigen und das Eingreifen des Anlagenfahrers nicht erfordern. Dabei ist oft von einer Vielzahl gleichartiger Größen nur die größte oder die kleinste interessant. Eine Einrichtung, die, je nach Wunsch, von mehreren vorliegenden Größen die größte oder die kleinste auswählt und zur Anzeige bringt, würde die Zahl der notwendigen Anzeigeinstrumente erheblich verkleinern und damit ein übersichtliches Instrumentenfeld zur Folge haben.

Extremwertauswahl

Eine Einrichtung, die von n Eingangsspannungen u_1 bis u_n die größte auswählt, zeigt Bild 32. Die Einrichtung besteht aus einem Diodennetzwerk, dem ein Verstärker mit der Verstärkung —1 nachgeschaltet ist.

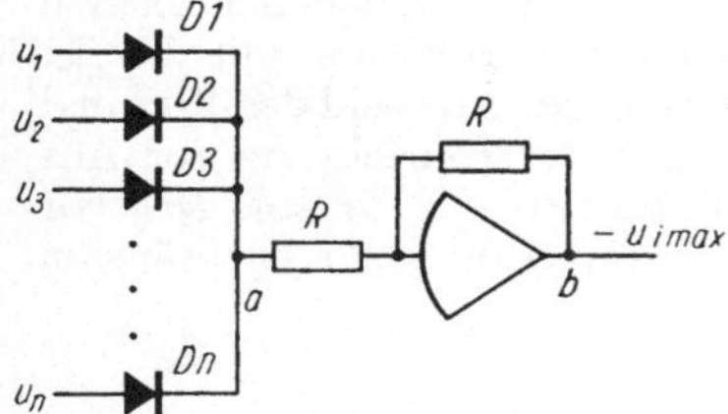

Bild 32. Einrichtung zur Auswahl des Maximalwertes

Eine am Punkt a liegende Spannung erscheint am Punkt b mit umgekehrtem Vorzeichen. Zum Punkt a wird von den Dioden $D1$ bis Dn die größte Spannung durchgeschaltet. In der Annahme, daß u_2 die größte Spannung ist, liegt am Punkt a die Spannung u_2. Damit sind die Dioden $D1$, $D3$ bis Dn gesperrt, da ihre Katoden gegenüber ihren Anoden positiv sind. Bei praktischen Ausführungen muß berücksichtigt werden, daß die Dioden keine ideale Schaltcharakteristik besitzen. Die Knickpunktverschiebung der Diodenkennlinie muß durch eine Vorspannung kompensiert werden.
Bild 33 zeigt eine Einrichtung zur Auswahl des Minimalwertes. Hier sei angenommen, daß u_2 die kleinste der Eingangsgrößen u_1 bis u_n ist. Wie im Bild 32, wird auch im Bild 33 vorausgesetzt, daß alle u_i positiv sind.

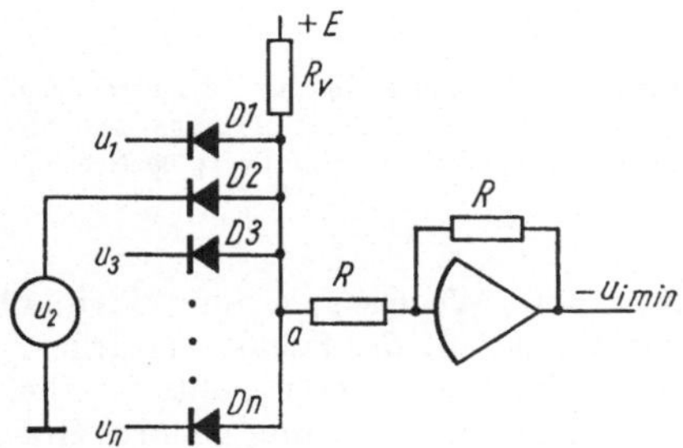

Bild 33. Einrichtung zur Auswahl des Minimalwertes

41

Gegenüber der Einrichtung zur Maximalwertauswahl sind im Bild 33 die Dioden des Netzwerkes umgekehrt gepolt. Außerdem ist eine Hilfsspannung $+E$ eingeführt. Für den Fall, daß u_2 der Minimalwert ist, fließt ein Strom von $+E$ ausgehend über den Widerstand R_v, die Diode $D2$ und die Spannungsquelle u_2 zur Erde. Besitzt die Spannungsquelle einen vernachlässigbaren Innenwiderstand und die Diode einen vernachlässigbaren Durchlaßwiderstand, so ist die Spannung am Punkt a gleich u_2. Da u_2 kleiner als alle übrigen u_i ist, haben die Anoden der Dioden $D1$, $D3$ bis Dn gegenüber ihren Katoden ein negatives Potential. Alle Dioden mit Ausnahme von $D2$ sind also gesperrt. Die minimale Spannung ist damit zum Verstärker durchgeschaltet und steht an seinem Ausgang als negierte Größe $-u_{min}$ zur Verfügung.

Extremortauswahl

Neben der Auswahl des Extremwertes muß eine Einrichtung dem Anlagenfahrer auch den Ort, d. h. die Meßstelle anzeigen, an dem der Extremwert vorliegt. Die Extremortauswahl arbeitet in Verbindung mit der Extremwertauswahl. Bild 34 zeigt eine Einrichtung zur Auswahl des Maximalwertes und des Maximalortes. Den Eingängen der Einrichtung zur Auswahl des Maximalwertes nach Bild 32 sind die Drosseln $Dr1$ bis Drn vorgeschaltet, die den Vorgang der Maximalwertauswahl nicht beeinflussen.

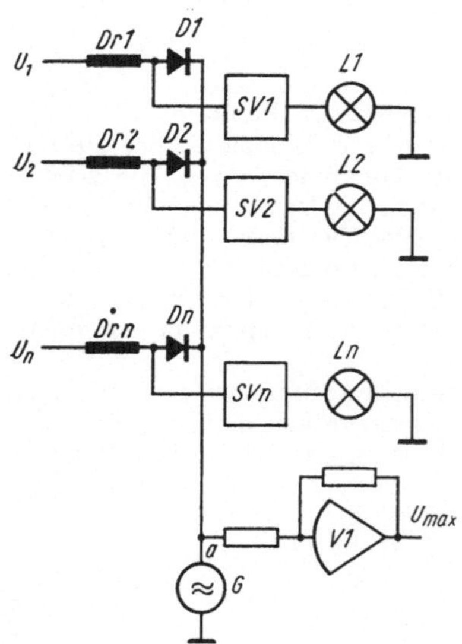

Bild 34. Einrichtung zur Auswahl des Maximalwertes und zur Anzeige des Ortes, an dem der Maximalwert vorliegt

Ein Generator G erzeugt am Punkt a eine Wechselspannung kleiner Amplitude. Die Wechselspannung kann den Eingang des Schaltverstärkers Svi nur erreichen, wenn die Diode Di geöffnet ist. Andererseits ist die Diode geöffnet, die zur Meßstelle mit der größten Spannung gehört. Hat

die Meßstelle M_2 die maximale Spannung u_2, so erscheint am Ausgang
von Verstärker $V1$ die Spannung $-u_2$ und am Eingang des Schaltverstärkers $Sv2$ eine Wechselspannung. Der Schaltverstärker hat die Aufgabe, aus der Wechselspannung ein L-Signal abzuleiten, das die Lampe $L2$
anzeigt. Die Einrichtung gibt am Ausgang des Verstärkers $V1$ die maximale Spannung u_{max} ab, während der Ort i, an dem diese Spannung liegt,
von der Lampe Li angezeigt wird.
In analoger Weise läßt sich eine Einrichtung zur Auswahl von Minimalwert und Minimalort aufbauen.

4. Führungshilfen, die eine umfassende Kenntnis des Prozeßverhaltens voraussetzen

4.1. Prediktoren [14] [15]

Häufig besteht ein Interesse, Änderungen von Prozeßgrößen voraus-
zusagen. Das sei an einem sehr einfachen Beispiel erläutert, das zwar den
Einsatz eines Prediktors nicht rechtfertigt, jedoch das Prinzip gut veranschaulicht. Wird ein Raum mit Hilfe eines Kohlespeicherofens beheizt,
so versucht der Heizer im voraus abzuschätzen, wieviel Kohle bei den
gegebenen Umständen notwendig ist, um eine gewünschte Raumtempe-
ratur zu erreichen. Das gelingt ihm nur sehr unvollkommen. Ein Gerät,
das die Temperatur für einen zuküftigen Zeitpunkt voraussagt, wäre für
den Heizer eine Führungshilfe.

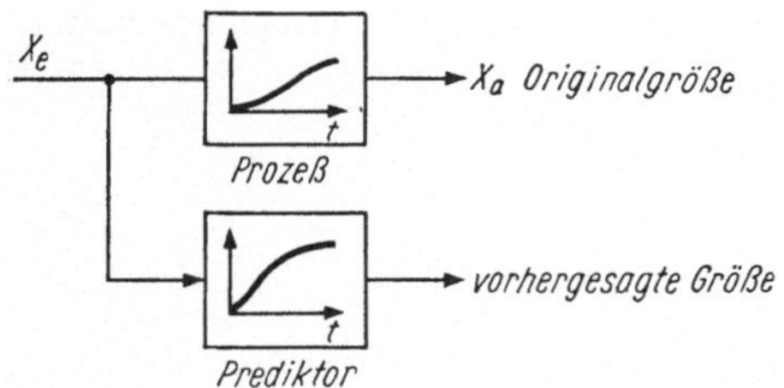

Bild 35. Zur Arbeitsweise des Prediktors (Parallelschaltung)

Ganz allgemein kann man sagen, daß bei einem manuell geführten Prozeß
ein Prediktor die Einstellung einer bestimmten Zielgröße erheblich erleichtert, wenn die Zahl der Einflußfaktoren groß ist und die Verstellung
einer Einflußgröße sich auf die Zielgröße erst nach Ablauf einer längeren
Übergangszeit auswirkt. Die Vorhersage der Zielgröße setzt natürlich die
Kenntnis des Prozesses voraus. Abgesehen von Varianten gibt es zwei
Prinzipien zur Realisierung eines Prediktors, die Parallel- und Serienschaltung. Bild 35 zeigt einen Prediktor in Parallelschaltung. Der Prediktor ist das Modell des Prozesses in verändertem Zeitmaßstab. Alle
Einflußgrößen des Prozesses wirken auch auf den Prediktor ein und haben

an seinem Ausgang eine Größe zur Folge, die sich von der Prozeßausgangsgröße nur durch den gerafften Zeitmaßstab unterscheidet.
Es gilt

$$t_{\text{Modell}} = K \cdot t_{\text{Prozeß}}, \qquad (27)$$

wobei

$$K \leq 1$$

Häufig interessiert nur die Vorhersage des stationären Verhaltens. Das entspricht dem Sonderfall der Zeittransformation $K = 0$. Mit Hilfe eines Prediktors kann der Anlagenfahrer, selbst bei einem komplizierten Prozeß, die für eine Zielgröße günstigste Kombination der Eingangsgrößen experimentell schnell finden. Dabei ist es unerheblich, wenn bei der experimentellen Suche nach einem günstigen Arbeitspunkt der Prozeß in ungünstige Arbeitsgebiete gebracht wird. Auf Grund der schnellen Reaktion des Prediktors wird der Anlagenfahrer die ungünstigen Einstellungen ändern, bevor der träge Prozeß nennenswerte Reaktionen gezeigt hat.

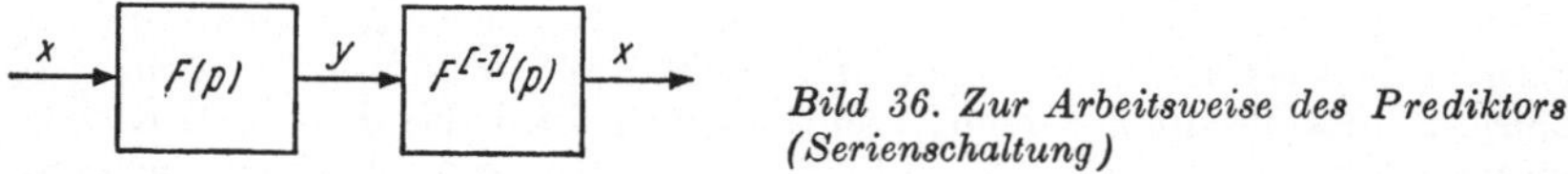

Bild 36. *Zur Arbeitsweise des Prediktors (Serienschaltung)*

Bild 36 zeigt einen Prediktor in Serienschaltung. Hat die Übertragungsfunktion des Prozesses $F(p)$ verzögernden Charakter, so reagiert natürlich die Ausgangsgröße y des Prozesses verzögert auf die Änderungen der Eingangsgröße x. Ist man an der unverzögerten Reaktion interessiert und ist x selbst nicht zugänglich, so kann man durch Rückrechnung die Verzögerung eliminieren. Zu diesem Zweck wird dem Prozeß ein Prediktionsglied mit der reziproken Übertragungsfunktion $F^{-1}(p)$ nachgeschaltet.

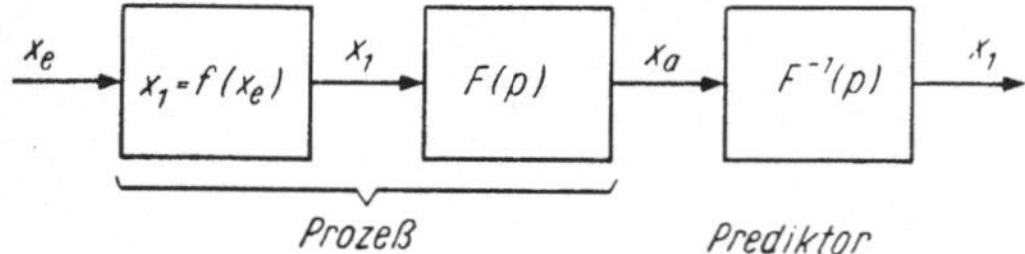

Bild 37. *Nichtlinearer Prozeß und Serienprediktor*

Handelt es sich um einen nichtlinearen Prozeß, so ist eine Rückrechnung in der einfachen Weise möglich, wenn der Prozeß eine Struktur besitzt wie sie Bild 37 zeigt. Enthält eine Übertragungskette nichtlineare Glieder, so muß beachtet werden, daß durch Vertauschen eines nichtlinearen Gliedes mit einem Zeitglied das Übertragungsverhalten der ganzen Kette geändert wird. Besitzt ein Prozeß mehrere Eingänge und haben diese Eingänge unterschiedliches Zeitverhalten, so ist eine Rückrechnung mit Hilfe eines Serienprediktors nicht möglich, da es keine eindeutige Zuordnung zwischen der Ausgangsgröße und den Eingangsgrößen gibt. Die gleiche Ausgangsgröße kann von verschiedenen Wertekombinationen der Eingangsgrößen herrühren. Hat der Prozeß mit mehreren Eingängen eine

Struktur entsprechend Bild 38, so ist der Einsatz eines Serienprediktors möglich. Dabei ist es unerheblich, ob die zeitunabhängige Verknüpfungsfunktion $x_1 = f(x_{e1}, x_{e2}, \ldots, x_{en})$ linear oder nichtlinear ist.

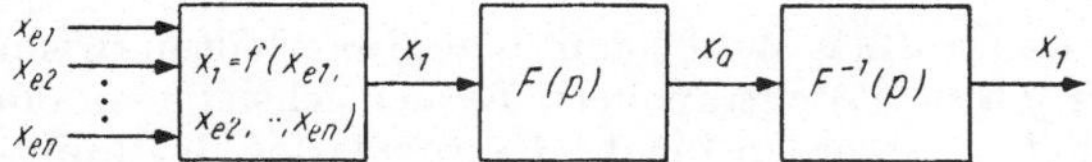

Bild 38. Prozeß mit mehreren Eingangsgrößen und Serienprediktor

Eine weitere Einschränkung für einen Serienprediktor der beschriebenen Art besteht darin, daß er nicht einsetzbar ist, wenn der Prozeß eine echte Totzeit enthält.

Einsatzbeispiel für einen Prediktor [22]

Ein Anwendungsfall für einen Prediktor liegt bei Analysenmeßgeräten vor, wenn das Analyseergebnis zur Regelung herangezogen werden soll. Bezeichnend für viele Analysenmeßgeräte, z. B. Gaschromatographen, ist:

1. Zwischen Messung und erfolgter Auswertung vergeht eine Totzeit T_t.

2. Die Resultate fallen intermittierend an

Den Zusammenhang zwischen der wahren Größe und der Ausgangsgröße des Analysators zeigt Bild **39**. Soll der Analysenwert als Regelgröße dienen, so müßte zunächst das unstetige Signal in ein stetiges verwandelt werden. Außerdem wirkt sich die Totzeit störend auf die Regelbarkeit der Strecke aus. Vom Prediktor wird gefordert, aus der Meßgröße die wahre Größe zu ermitteln.

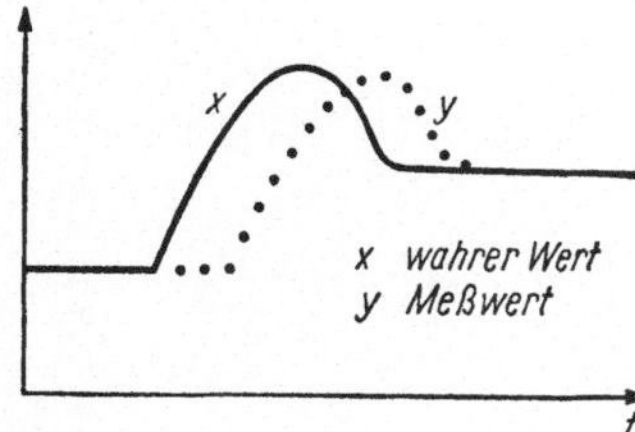

Bild 39. Zur Arbeitsweise des Analysators

Das Verfahren nach Bild **35** kommt nicht in Frage, weil die Eingangsgröße nicht verfügbar ist. Die Lösung nach Bild **36** ist prinzipiell möglich. Die Methode des reziproken Frequenzganges kann jedoch nicht angewendet werden, weil der Analysator ein echtes Totzeitglied ist.

Extrapolation mit Hilfe der Taylorreihe

Nach Taylor gilt

$$f(t + \Delta t) = f(t) + f'(t)\,\Delta t + f''(t)\,\frac{\Delta t^2}{2!} + f'''(t)\,\frac{\Delta t^3}{3!} + \cdots \quad (28)$$

Beim Analysenmeßgerät ist der wahre Wert zum Zeitpunkt t gleich dem Meßwert zum Zeitpunkt $t + T_t$.

$$x\,(t) \,=\, y\,(t + T_t)\,, \tag{29}$$

wobei T_t die Totzeit ist. Den wahren Wert kann man also erhalten, wenn man den Verlauf $y\,(t)$ bis $y\,(t + T_t)$ extrapoliert. Berücksichtigt man die ersten drei Glieder der Reihe, so werden für die Extrapolation der Funktionswert und die ersten beiden Ableitungen an der Stelle t benötigt. Es ist vorteilhaft, statt der Differentialquotienten die Differenzenquotienten zu verwenden, weil:

1. die Differentiation einer Funktion, die nur durch Meßpunkte beschrieben ist, aufwendig ist

2. die zweifache Differentiation die hochfrequenten Störungen, z. B. Rauschen, derart stark anhebt, daß die Auswertefehler unzulässig groß werden

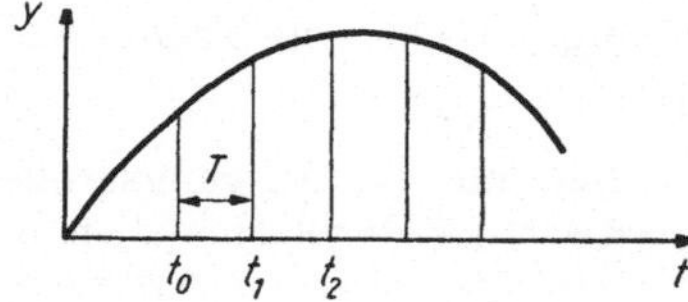

Bild 40. Zur Extrapolation

Werden die Bezeichnungen aus Bild 40 zugrunde gelegt, so gilt:

$$y'\,(t_2) \,\approx\, \frac{y\,(t_2) - y\,(t_1)}{T}$$

$$y'\,(t_1) \,\approx\, \frac{y\,(t_1) - y\,(t_0)}{T}$$

$$y''\,(t_2) \,\approx\, \frac{y'\,(t_2) - y'\,(t_1)}{T}$$

Eingesetzt in die Taylorreihe erhält man über entsprechende Umformungen die Extrapolationsformel

$$x\,(t_2) \,\approx\, 2{,}5\,y\,(t_2) - 2\,y\,(t_1) + 0{,}5\,y\,(t_0) \tag{30}$$

Bild 41 zeigt den Operationsteil des Prediktors, der die Extrapolationsformel auswertet. Zur Berechnung der Extrapolationsformel ist lediglich ein Summator und ein Inverter erforderlich. Da die Funktionswerte zu verschiedenen Zeiten verfügbar sind, werden zusätzlich drei Speicher benötigt. Tafel 1 erläutert die Wirkungsweise der Rechenschaltung. Beim ersten Schritt wird *rs1* geschlossen. Damit übernimmt Speicher *V1* den

Funktionswert $y(t_2)$. Beim zweiten Schritt schließt *rs2* und *V2* übernimmt $y(t_2)$. Der zweite Schritt hat gegenüber dem ersten Schritt eine zeitliche Verschiebung von T. Der Inhalt des Speichers *V1* wird zu Beginn des zweiten Schrittes zu $y(t_1)$ umbenannt. Zu Beginn des dritten

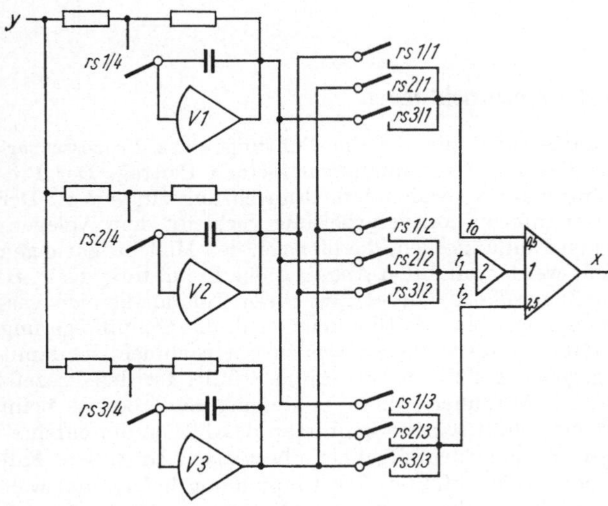

Bild 41. Operationsteil des Prediktors

Schrittes übernimmt *V3* $y(t_2)$, während die Inhalte von *V1* und *V2* zu $y(t_0)$, $y(t_1)$ umbenannt werden. Zu Beginn des dritten Schrittes sind die drei notwendigen Funktionswerte zum ersten Mal verfügbar.

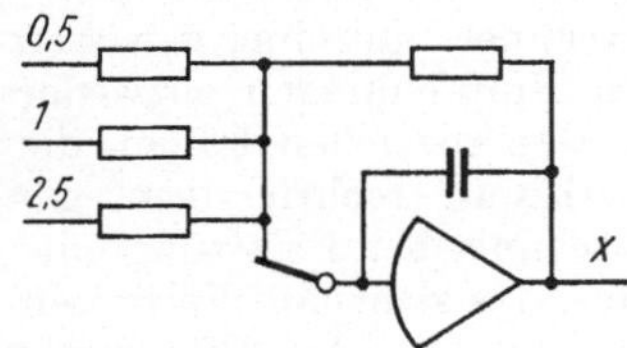

Bild 42. Summierender Speicher

Schritt	1	2	3	4	5	6
V1	$y(t_2)$	$y(t_1)$	$y(t_0)$	$y(t_2)$	$y(t_1)$	$y(t_0)$
V2		$y(t_2)$	$y(t_1)$	$y(t_0)$	$y(t_2)$	$y(t_1)$
V3			$y(t_2)$	$y(t_1)$	$y(t_0)$	$y(t_2)$
geschlossen	*rs1*	*rs2*	*rs3*	*rs1*	*rs2*	*rs3*

Tafel 1

Die gespeicherten Funktionswerte werden von den Schaltern $rs3/1$ bis $rs3/3$ an die entsprechenden Eingänge der Rechenschaltung gelegt. Beim vierten Schritt beginnt der Zyklus von neuem.

Nachteilig ist, daß $x(t)$ aus Impulsen besteht. Wird der Summator im Bild 41 als Speicher ausgeführt (Bild 42), so erhält man für $x(t)$ eine Treppenkurve.

4.2. Empfehlende Recheneinrichtungen

Zur Informationsverarbeitung, die für die Führung eines Prozesses erforderlich ist, leistet der Prediktor nur einen kleinen Beitrag. Der Prediktor ist als eine informationsverdichtende Einrichtung zu werten. Der entscheidende Teil der Informationsverarbeitung verbleibt dem Anlagenfahrer. Er muß aus den Einflußgrößen, die ihm von den Meßeinrichtungen zur Verfügung gestellt werden, und den Angaben des Prediktors, der z. B. voraussagt, daß die Zielgröße in kurzer Zeit ihren Toleranzbereich verlassen wird, wenn nichts dagegen unternommen wird, die Schlußfolgerung ziehen. Der Anlagenfahrer muß festlegen, was zu unternehmen ist, damit der Prozeß ein vorgegebenes Führungskriterium erfüllt. Ist das Prozeßverhalten mathematisch formuliert, diese Bedingung muß bereits beim Einsatz eines Prediktors erfüllt sein, so kann man das Ziehen der entsprechenden Schlußfolgerung auch dem Rechner übertragen. In diesem Fall würde der Rechner dem Anlagenfahrer eine Empfehlung liefern, um welchen Betrag die entsprechende Stellgröße zu ändern ist, damit der Prozeß das vorgeschriebene Führungskriterium einhält. Es ist natürlich naheliegend, einem solchen Rechner die gesamte Steuerung des Prozesses zu übertragen. Tatsächlich werden empfehlende Recheneinrichtungen nur in ganz speziellen Fällen als Dauerlösung angewendet. Als Übergangslösung ist eine empfehlende Recheneinrichtung sehr nützlich, wo man dem soeben ermittelten Prozeßmodell noch nicht das volle Vertrauen entgegenbringt. Für diesen Fall ist es gut, einen erfahrenen Betriebsmann an den Stellorganen zu wissen, der die Empfehlungen des Rechners mit einer gewissen Skepsis aufnimmt und die unwahrscheinlichen Empfehlungen entweder gar nicht oder nur versuchsweise ausführt. Zu den speziellen Fällen, die eine empfehlende Recheneinrichtung als Dauerlösung rechtfertigen, gehören Prozesse, die sich der vollständigen meßtechnischen Erfassung entziehen. Während Farbe und Geruch eines Stoffes, das sichtbare Verhalten eines Materials bei seiner plastischen Verformung oder das Bild sprühender Funken die Entscheidungen des erfahrenen Betriebsmannes beeinflussen, kann ein Rechner sich solcher Informationen nicht bedienen, wenn ihm nicht durch ein objektives Meßverfahren die entsprechenden Größen als Signale zur Verfügung gestellt werden. Erfaßt der Rechner nicht alle wichtigen Einflußgrößen, so sind Fehlentscheidungen möglich und die direkte Steuerung des Prozesses durch den Rechner bedenklich.

Ähnlich wie die empfehlenden Recheneinrichtungen müssen auch die Prediktoren beurteilt werden. Die Rechnersteuerung stellt einen höheren Automatisierungsgrad dar und wird im allgemeinen den beiden genannten Verfahren vorgezogen. Prediktoren werden nur dort eingesetzt, wo die Rechnersteuerung nicht realisierbar oder zu aufwendig ist.

5. Steuerungsrechner [1] [7] [8] [12] [19] [23] [24]

5.1. Einfache Steuerungsrechner

Das Prinzip der Rechnersteuerung soll an einem Beispiel erläutert werden. Der Leser möge verzeihen, daß hier wieder ein triviales Beispiel gewählt wird. Praktisch verwirklichte Anwendungsfälle, die den Einsatz eines Rechners rechtfertigen, lassen sich jedoch als Beispiele schlecht verwenden, weil die Erläuterung der technologischen Grundlagen des entsprechenden Prozesses zu viel Raum in Anspruch nehmen würde. Am Problem der Temperatursteuerung eines Raumes soll gezeigt werden, wie sich aus einer einfachen Steuerkette eine Rechnersteuerung entwickeln kann. Dabei sollen die Gemeinsamkeiten und die Unterschiede der beiden Steuerungen deutlich werden. Bild 43 veranschaulicht die Wirkungsweise

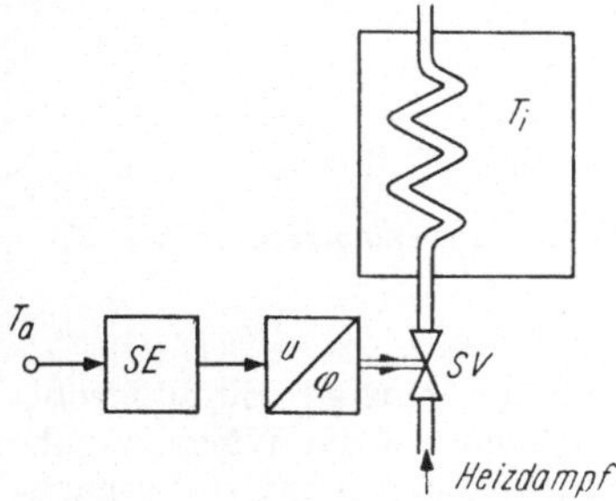

Bild 43. Zur Wirkungsweise einer einfachen Steuerkette
SE Steuereinrichtung; u/φ Spannungs-Winkel-Umformer; *SV* Stellventil

einer einfachen Steuerkette. Die Innentemperatur T_i des Raumes ist bei konstanter Heizleistung von der Außentemperatur abhängig. Es wird verlangt, daß die Heizdampfzufuhr so gesteuert wird, daß die Innentemperatur T_i unabhängig von der Außentemperatur T_a einen gewünschten konstanten Wert einhält. Zur Lösung dieser Aufgabe ist es erforderlich, den Einfluß der Außentemperatur auf die Innentemperatur zu kennen. Bei der Realisierung einer Steuerung muß das Steuerungsgesetz bekannt sein. Sehr übersichtlich wird das Steuerungsgesetz durch den Zusammenhang zwischen der Außentemperatur und der Heizleistung P, die die gewünschte Innentemperatur gewährleistet, wiedergegeben. Da die Heizleistung nicht unmittelbar, sondern über die Stellung φ des Stellventils *SV* verstellt werden kann, ist der Zusammenhang $\varphi = f(T_a)$ bei $T_i =$ konstant für den Aufbau der Steuerung am besten geeignet. Für eine Reihe konstanter Parameter zeigt Bild 44 diesen Zusammenhang. Der nichtlineare Zusammenhang $\varphi(T_a)$ ist durch die Kennlinie des Stellventils bestimmt. Ist $T_a = T_i$, so ist keinerlei Heizung erforderlich. Für diesen Wert gibt Bild 44 $\varphi = 0$ an, d. h., das Ventil ist geschlossen. Sinkt T_a unter T_i, so ist zunächst nur eine geringe Öffnung des Ventils erforderlich, da in diesem Bereich eine Ventilverstellung eine große Heizleistungsänderung zur Folge hat. Bei einer einfachen Steuerung bleiben Nichtlinearitäten unberücksichtigt. Das Steuerungsgesetz $\varphi = f(T_a)$ wird durch eine

Gerade angenähert. Als Näherung kann man z. B. die Tangente im Punkt T_{am} benutzen. T_{am} stellt den Mittelpunkt des Schwankungsbereiches der Außentemperatur dar, der sich von T_{a1} bis T_{a2} erstreckt. Gerätetechnisch muß nun sichergestellt werden, daß das Übertragungsverhalten der Steuerungseinrichtung SE einschließlich des Spannungswinkelumformers U/φ dieser Geraden entspricht.

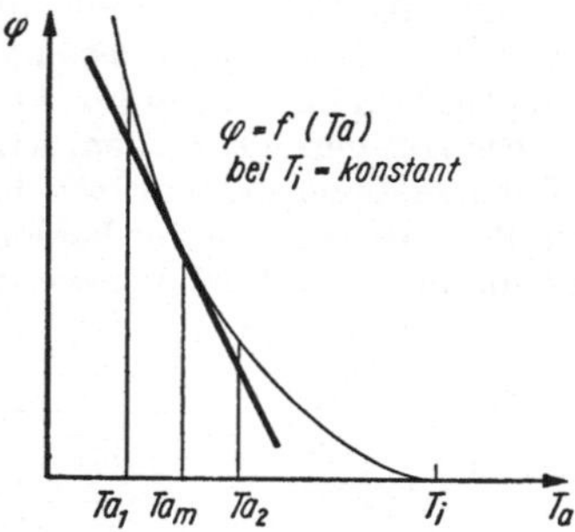

Bild 44. Stellung des Stellventils als Funktion der Außentemperatur bei T_i = konstant

Tatsächlich ist die Außentemperatur nicht die einzige Einflußgröße. Windgeschwindigkeit V und Windrichtung α üben auf die Wärmeabgabe des Raumes und damit auf die Innentemperatur einen nicht zu vernachlässigenden Einfluß aus. Weitere Einflußgrößen ergeben sich aus dem Zusammenhang zwischen Ventilstellung und der zugeführten Heizleistung P. Die Heizleistung hängt unter anderem von dem Druck p_D und der Temperatur T_D des Heizdampfes ab. Das vollständige Steuerungsgesetz lautet:

$$\varphi = f\ (T_a,\ V,\ \alpha,\ p_D,\ T_D) \tag{31}$$

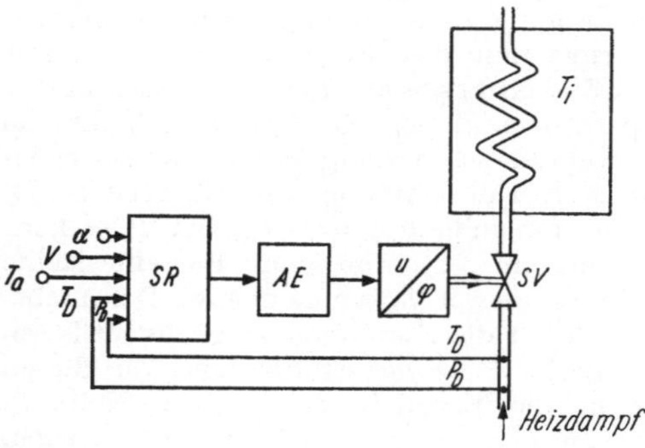

Bild 45. Zur Wirkungsweise einer Steuerkette mit Rechnersteuerung

SR Steuerungsrechner; *AE* Anpassungseinheit; *u/φ* Spannungs-Winkel-Umformer; *SV* Stellventil

Bild 45 zeigt eine Steuerkette, die einen Rechner enthält, der das vollständige Steuerungsgesetz berücksichtigt. Die Steuerkette enthält eine Anpassungseinheit AE, die den Rechnerausgang an den Eingang des U/φ Wandlers anpaßt. Handelt es sich bei SR um einen Digitalrechner, so muß AE einen Speicher und einen D/A-Umformer besitzen. Der Unterschied zwischen einer einfachen Steuerung und einer Rechnersteuerung ist, wie die Bilder 43 und 45 zeigen, nicht prinzipieller Art. Eine Steuerung wird zur Rechnersteuerung, wenn die Zahl der zu verarbeitenden Signale groß und die Informationsverarbeitung umfangreich ist.

Optimalwertsteuerung

Das behandelte Beispiel stellt eine Festwertsteuerung dar. Ziel einer Festwertsteuerung ist, eine vorgegebene Größe konstant zu halten. Bei einer Optimalwertsteuerung handelt es sich darum, einen Prozeß so zu führen, daß die Zielgröße je nach Aufgabenstellung einen Maximal- oder Minimalwert annimmt. Eine solche Steuerung wird als Vorwärtsoptimierung bezeichnet.

Als Beispiel soll ein chemischer Prozeß betrachtet werden, bei dem mehrere Eingangsgrößen x_{ei} und mehrere Ausgangsgrößen x_{ai} auftreten. Außerdem möge der Prozeß von einer Reihe Störgrößen z_i beeinflußt werden. Das Ziel ist, den Prozeß nach einem vorgegebenen Kriterium optimal zu führen. Es möge zum Beispiel gefordert werden, daß der Gewinn maximal werden soll. Mit Hilfe der Gewinngleichung werden die vielen Ausgangsprodukte des Prozesses auf eine einzige Ausgangsgröße G reduziert. Zwischen dem Gewinn G, den Eingangsgrößen x_{ei} und den Störgrößen z_i existiert ein funktioneller Zusammenhang, der für bestimmte Werte von x_{ei}, z_i ein Maximum aufweist. Dieser Zusammenhang ist das mathematische Modell des Prozesses. Bei der Vorwärtsoptimierung ist die Unterscheidung von Eingangs- und Störgrößen nicht zweckmäßig, vielmehr ist es günstiger, alle Störgrößen, die auf den Prozeß einen nennenswerten Einfluß haben, als Eingangsgrößen aufzufassen. Dagegen ist es wichtig, die Eingangsgrößen in beeinflußbare und unbeeinflußbare zu unterteilen. Die beeinflußbaren Eingangsgrößen sollen mit x_i und die unbeeinflußbaren mit y_i bezeichnet werden (Bild 46). Die Unterteilung ist bis zu einem gewissen Grade willkürlich, da im Prinzip alle Größen verändert werden können. Man wird aber z. B. die Umgebungstemperatur einer Industrieanlage, wegen des damit verbundenen Aufwandes, nicht zu beeinflussen suchen. Als beeinflußbare Eingangsgrößen wird man solche Größen wählen, die mit geringem Aufwand verändert werden können und die den Prozeß stark beeinflussen.

Zunächst soll das stationäre Verhalten des Prozesses gemäß Bild 46 interessieren.

Der Gewinn ist eine Funktion aller Eingangsgrößen x_1, x_2, y_1 und y_2. Der Rechner hat nun die Aufgabe, die beeinflußbaren Größen x_1, x_2 so zu bestimmen, daß bei vorgegebenen Werten y_1, y_2 der Gewinn G maximal wird. Der Steuerungsrechner enthält das Modell des Prozesses, das für die Bestimmung der optimalen Variablen x_1, x_2 die Grundlage bildet. *R1* und *R2* sind einfache Regler, die vom Rechner ihre Sollwerte erhalten und die Eingangsgrößen x_1, x_2 entsprechend nachstellen.

Durch die getroffenen Maßnahmen wird der Prozeß im stationären Zustand optimal geführt. Soll das System auch zeitoptimal arbeiten, so muß der Rechner die vollständigen Prozeßgleichungen auswerten, die auch die Zeitabhängigkeit berücksichtigen. Das kompliziert den Rechner erheblich, bietet jedoch keine prinzipiellen Schwierigkeiten.

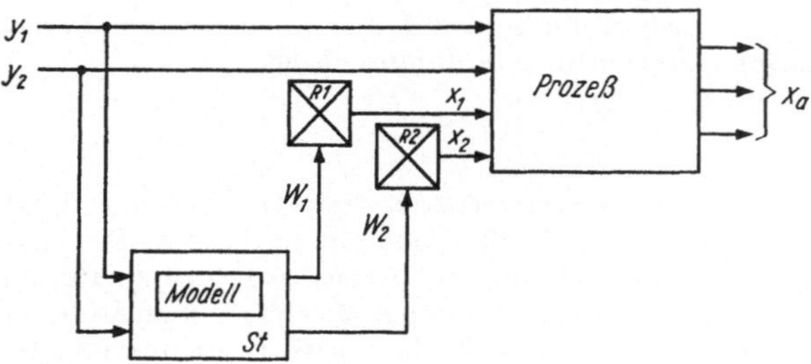

Bild 46. Optimierung durch Rechnersteuerung

R1 und *R2* Regler; *St* Steuerungsrechner; w_1 und w_2 vom Steuerungsrechner ermittelte Führungsgrößen

An dem folgenden Beispiel soll die Wirkungsweise der Vorwärtsoptimierung verdeutlicht werden.

Ein angenommener Prozeß erfüllt im stationären Fall die folgende Prozeßgleichung:

$$Q = a + (x - by)^2 \tag{32}$$

Dabei sind:

a und b Konstanten

x   die beeinflußbare Varible

y   die unbeeinflußbare Variable

Q   die Qualitätsfunktion, für die ein Minimum gesucht werden soll

Für Q_{min} gilt Gl. (33)

$$x - by = 0 \tag{33}$$

Der Steuerungsrechner, der x so zu bestimmen hat, daß Q zu einem Minimum wird, hat in diesem Fall die folgende einfache Beziehung nachzubilden.

$$x = by \tag{34}$$

Bild 47 zeigt den Prozeß mit Steuerungsrechner. Der Steuerungsrechner braucht entsprechend Gl. (34) lediglich eine Konstantenmultiplikation durchzuführen. Am Ausgang des Steuerungsrechners steht die Größe $w = by$ zur Verfügung, die dem Regler R als Führungsgröße dient. Der

Regler stellt sicher, daß $w = x = by$ ist und Q unabhängig von y den
minimalen Wert a annimmt. Bei der Einführung der Gl. (32) ist betont
worden, daß Gl. (32) den Prozeß nur im stationären Fall beschreibt.

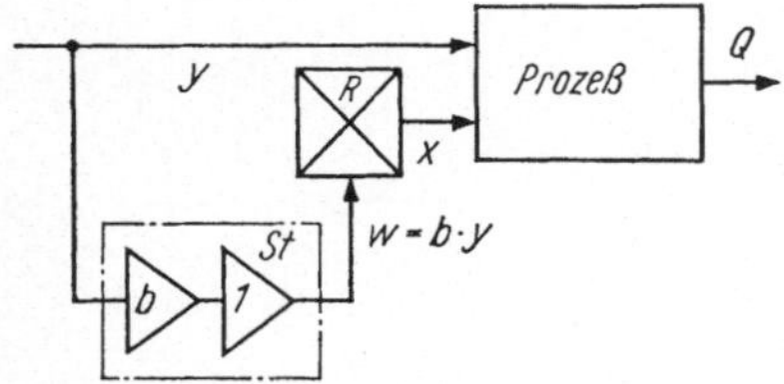

*Bild 47. Vorwärtsoptimierung an einem Prozeß, der durch $Q = a + (x - by)^2$
beschrieben wird*
R Regler; St Steuerungsrechner

Es bleibt zu untersuchen, welchen Einfluß eine Prozeßdynamik auf die
Vorwärtsoptimierung ausübt. Um eine Diskussionsgrundlage zu besitzen,
wird angenommen, daß das vollständige Prozeßmodell durch Bild 48 und
die Gln. (35), (36), (37) gegeben ist.

$$Q = a + (\xi - b\eta)^2 \tag{35}$$

$$F_1 = \frac{1}{1 + pT_1} \tag{36}$$

$$F_2 = \frac{1}{1 + pT_2} \tag{37}$$

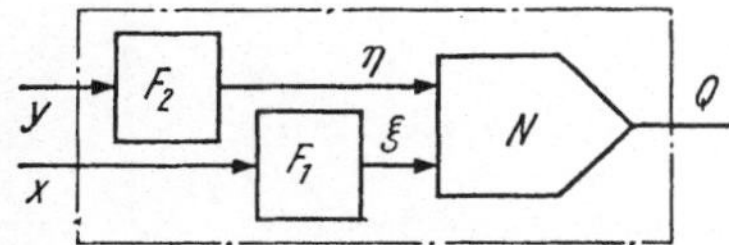

Bild 48. Vollständiges Modell des angenommenen Prozesses
$Q = a + (\xi - b\eta)^2$,
$$F_1 = \frac{1}{1 + pT_1}, \qquad F_2 = \frac{1}{1 + pT_2}$$

Der Prozeß besteht also aus einer Nichtlinearität mit den Eingangsgrößen ξ und η, die entsprechend Gl. (35) verknüpft werden. Die Eingangsgrößen des Prozesses x und y sind mit den Eingängen der Nichtlinearität (ξ, η) über Verzögerungsglieder verbunden, deren Übertragungs-
funktionen F_1 und F_2 die Gln. (36) und (37) wiedergeben.
Bild 49 zeigt den zeitlichen Verlauf der einzelnen Größen, der sich als
Folge einer sprunghaften Änderung der unbeeinflußbaren Variablen y
ergibt. Es wird vorausgesetzt, daß der Prozeß nach Bild 48 von einem

Steuerungsrechner entsprechend dem Bild 47 geführt wird. Dabei wird
vom Steuerungsrechner ohne Rücksicht auf das dynamische Verhalten
des Prozesses nur die stationäre Prozeßgleichung ausgewertet. Im Bild 49
ist $T_1 > T_2$ angenommen. Zum Zeitpunkt t_0 springt y vom Wert 1 auf
den Wert 0. Bis zum Zeitpunkt t_0 befand sich der Prozeß im stationären
Zustand, und es galt

$$x = \xi \quad \text{und} \quad y = \eta$$

Der Steuerungsrechner hat

mit $x = by$

gleichzeitig $\xi = b \cdot \eta$

sichergestellt. Entsprechend Gl. (35) hatte damit die Zielfunktion Q den
gewünschten minimalen Wert a.

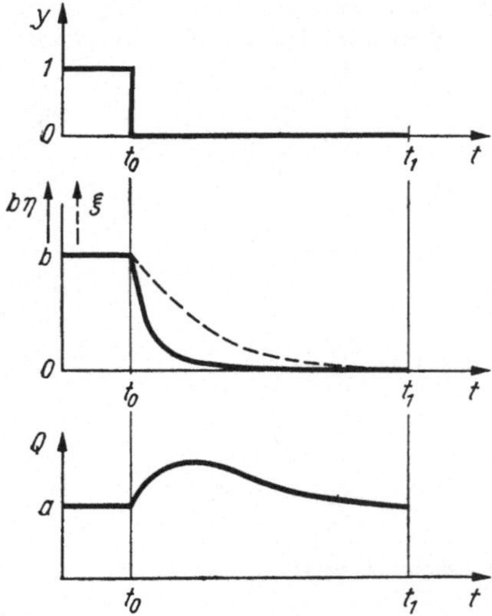

Bild 49. Zeitlicher Verlauf der Variablen am Prozeß nach Bild 48

Auf eine sprunghafte Änderung von y reagiert der Steuerungsrechner
mit einer sprunghaften Verstellung von x. Wegen der unterschiedlichen
Zeitkonstanten T_1, T_2 wirken diese Änderungen mit unterschiedlichen
Verzögerungen. Die Folge ist, daß die Zielfunktion Q den minimalen Wert
$Q = a$ verläßt. Zum Zeitpunkt t_1 sind beide Ausgleichsvorgänge abgeschlossen und der neue stationäre Zustand wieder eingetreten, in dem
wieder $Q = a$ gilt. Ist die Häufigkeit von Störungen groß, im Beispiel
werden Änderungen von y als Störungen aufgefaßt, so ist die Optimierung des stationären Verhaltens wenig effektvoll, da sich der Prozeß selten
im stationären Zustand befindet.

Maßnahmen zur Berücksichtigung des dynamischen Prozeßverhaltens

Beim Prozeß nach Bild 48 müssen drei Fälle unterschieden werden.

Fall 1: $T_1 = T_2$

Bei Gleichheit der Zeitkonstanten erfahren die Größen x und y die gleichen Verzögerungen. Ohne besondere Maßnahmen wird der Prozeß im stationären wie auch nichtstationären Fall optimal geführt.

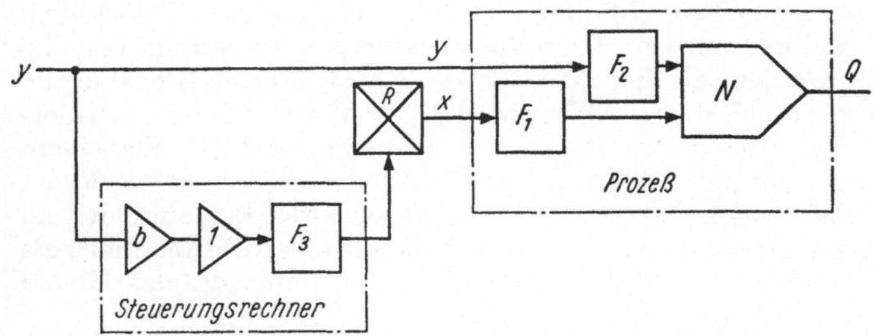

Bild 50. Vorwärtsoptimierung unter Berücksichtigung des dynamischen Verhaltens

Fall 2: $T_1 < T_2$

In diesem Fall muß der Steuerungsrechner durch ein frequenzabhängiges Glied ergänzt werden. Bild 50 zeigt den Steuerungsrechner, der den Prozeß auch dynamisch optimal führt. Mit dem frequenzabhängigen Glied wird eine zusätzliche Verzögerung bewirkt, damit zwischen y und η und $b \cdot y$ und ξ das gleiche Zeit- bzw. Frequenzverhalten entsteht.

Es muß gelten

$$F_3 \cdot F_1 = F_2 \tag{38}$$

aus (38) folgt

$$F_3 = \frac{F_2}{F_1}$$

mit (36) und (37) ergibt sich

$$F_3 = \frac{1 + p\,T_1}{1 + p\,T_2} \tag{39}$$

Fall 3: $T_1 > T_2$

Das frequenzabhängige Glied muß hier im wesentlichen einen differenzierenden Charakter haben, um die Wirkung der großen Verzögerung zwischen x und ξ zu kompensieren. Im Fall 3 wird genau wie im Fall 2 die Übertragungsfunktion F_3 des frequenzabhängigen Gliedes durch Gl. (39) beschrieben, da in beiden Fällen gilt, daß das Frequenzverhalten im η-Kanal gleich dem Frequenzverhalten im ξ-Kanal sein muß. Gl. (39) stellt die Übertragungsfunktion eines PD-Gliedes mit

Verzögerung erster Ordnung dar. Im Fall 2 überwiegt die Wirkung
der Verzögerung, die durch T_2 repräsentiert wird, während im Fall 3
der D-Anteil, herrührend von T_1, den ausschlaggebenden Effekt zur
Folge hat.

5.2. Steuerungsrechner mit sich selbst anpassendem Modell

Unter Punkt 5.1. wurde vorausgesetzt, daß der Prozeß zeitinvariant
ist, d. h., daß sich das Prozeßmodell zeitlich nicht ändert. Tatsächlich
kommen aber Änderungen der Prozeßparameter relativ häufig vor. So
ändert sich z. B. mit der Zeit die Aktivität von Katalysatoren. Bei Wärme-
tauschern verändert sich durch Ablagerungen der Wärmeübergangswider-
stand. Mit der Zeit tritt bei mechanischen Einrichtungen ein Verschleiß
ein. Bei Prozessen, die ihre Parameter zeitlich ändern, ist es erforderlich,
in gewissen Zeitabständen das im Rechner gespeicherte Prozeßmodell zu
korrigieren. Eine Korrektur des Prozeßmodells kann sowohl manuell, als
auch automatisch erfolgen. Bild 51 zeigt eine Anordnung, die das Modell

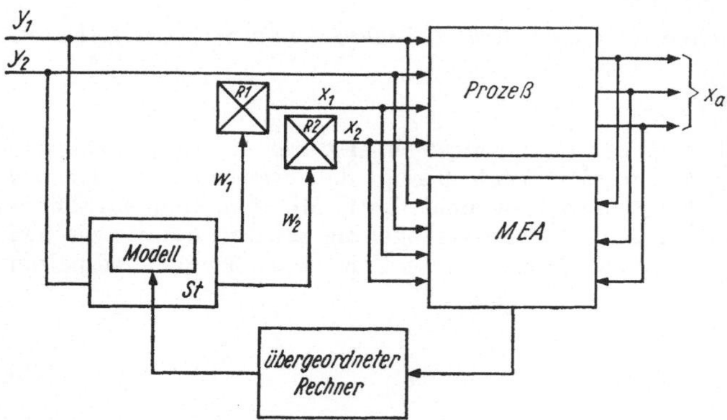

Bild 51. Korrektur des Modells mit Hilfe eines übergeordneten Rechners

MEA Meßwerterfassungsanlage; *St* Steuerungsrechner; *R1* und *R2* Regler; w_1 und w_2 vom
Steuerungsrechner ermittelte Führungsgrößen

automatisch korrigiert. Alle Eingangs- und Ausgangsgrößen des Prozesses
werden von einer Meßwerterfassungsanlage MEA erfaßt und im übergeordneten Rechner oder einem seiner externen Speicher gespeichert. Die
gespeicherten Prozeßdaten enthalten Informationen über das Prozeßverhalten. Mit Hilfe bestimmter mathematischer Methoden, die im Kapitel 6. behandelt werden, kann aus diesen Daten das Prozeßmodell ermittelt werden. Der übergeordnete Rechner hat die Aufgabe, aus den
Prozeßdaten, die in einem Zeitintervall anfallen, die in dem jeweiligen
Zeitraum geltenden Prozeßgleichungen abzuleiten. Wegen der Fähigkeit
sich veränderten Bedingungen anzupassen, werden Systeme der beschriebenen Art als selbstanpassende, adaptive oder lernende Systeme bezeichnet [30]. Es soll hier nicht diskutiert werden, inwieweit eine so be-
deutungsvolle Bezeichnung, wie lernendes System, für das beschriebene

Schema angemessen ist. Bemerkenswert ist, daß das System mehr leistet, als ein vom Menschen eingegebenes Programm korrekt zu befolgen. Während des Betriebes weiß z. B. der Programmierer nicht mehr, nach welchem Programm der Steuerungsrechner arbeitet, da der Automat selbsttätig das Programm dem veränderten Prozeßverhalten anpaßt.

6. Prozeßanalyse

Für den Einsatz eines Steuerungsrechners ist die Kenntnis der Prozeßgleichungen unerläßlich. In diesem Kapitel sollen Möglichkeiten zur Gewinnung der Prozeßgleichungen behandelt werden. Einschränkend sei jedoch vermerkt, daß die Prozeßanalyse ein umfangreiches Gebiet ist, das in diesem Band nicht vollständig abgehandelt werden kann. Ziel dieses Kapitels ist, einen praxisnahen Überblick über das Gebiet zu geben. Dabei wird auf einen umfangreichen mathematischen Apparat bewußt verzichtet.

6.1. Problemstellung

Bild 52 veranschaulicht einen Prozeß mit den Eingangsgrößen x_1 bis x_n und der Ausgangsgröße y. Gesucht ist der statische Zusammenhang

$$y = f\,(x_1,\, x_2,\, \ldots,\, x_n)$$

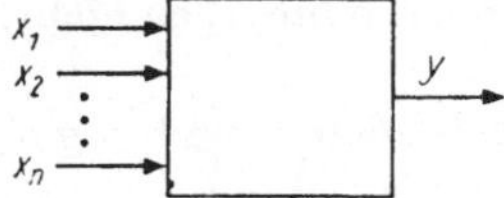

Bild 52. Zur Prozeßanalyse

Diese Beziehung wird häufig als Prozeßmodell bezeichnet.
Um die Funktion formulieren zu können, werden Informationen über den Prozeß benötigt. Solche Informationen können gewonnen werden:

a) aus den bekannten physikalisch-chemischen Zusammenhängen, die im Prozeß wirksam sind

b) durch experimentelle Untersuchungen am Prozeß

c) durch Sammlung und Auswertung von statistischem Material über den Prozeß

6.2. Ermittlung des Prozeßmodells aus den bekannten physikalischchemischen Zusammenhängen

Als Beispiel hierfür soll ein allgemein bekannter Prozeß, die Fortbewegung eines Kraftfahrzeuges, betrachtet werden. Zu untersuchen sei, wie sich Last, Straßenneigung, Geschwindigkeit des Wagens, Windgeschwindigkeit und Außentemperatur auf den Kraftstoffverbrauch pro Kilometer

auswirken. Durch elementare physikalische Überlegungen können einige
dieser Einflüsse abgeschätzt werden. Zunächst kann angenommen werden,
daß der Kraftstoffverbrauch mit der aufgewendeten Leistung steigt. Große
Last bedingt große Achs- und Reifenreibung, bei der Bergfahrt muß Hub-
arbeit geleistet werden, d. h., daß der Kraftstoffverbrauch mit größer
werdender Last und Straßenneigung steigt. Die Relativgeschwindigkeit
zwischen der Luft und dem Fahrzeug verursacht einen Luftwiderstand,
der quadratisch mit der Geschwindigkeit wächst. Die zur Überwindung
des Luftwiderstandes benötigte Leistung ist proportional der dritten Po-
tenz der Geschwindigkeit. Daraus ist zu entnehmen, daß mit stärker wer-
dendem Gegenwind der Kraftstoffverbrauch wächst. Der Schluß hingegen,
daß mit der Fahrzeuggeschwindigkeit der Kraftstoffverbrauch pro Kilometer wächst, steht zwar im Einklang mit den beschriebenen Gesetzmäßig-
keiten, ist aber nur bedingt richtig. Bei der Geschwindigkeit Null würde
der Motor unendlich lange im Leerlauf betrieben und folglich einen unendlich hohen Kraftstoffverbrauch pro Kilometer haben. Der scheinbare
Widerspruch rührt daher, daß die Geschwindigkeit neben dem Luftwiderstand noch Ursache für andere Effekte ist, die mit dem Mechanismus des
Verbrennungsmotors zusammenhängen. Der Einfluß der Geschwindigkeit
auf den Kraftstoffverbrauch pro Kilometer muß also zunächst offen-
bleiben, obwohl Teilzusammenhänge sich innerhalb der geforderten Ge-
nauigkeitsgrenzen formulieren lassen. Gleichfalls unübersichtlich ist der
Einfluß der Außentemperatur.

Das gewählte Beispiel ist typisch für die meisten Fälle: Aus den bekannten physikalisch-chemischen Zusammenhängen, die im Prozeß wirksam sind, läßt sich die Wirkung einiger Eingangsgrößen auf die Ausgangsgröße innerhalb einer gewissen Genauigkeit, die nicht immer ausreichend
ist, formulieren, die Wirkung anderer Eingangsgrößen kann hingegen nicht
angegeben werden.

Weitere Zusammenhänge müssen mit Hilfe der Methoden b und c gewonnen werden.

6.3. Ermittlung des Prozeßmodells durch experimentelle Untersuchungen am Prozeß

Der Einfachheit halber wollen wir annehmen, daß der zu untersuchende
Prozeß zwei Eingangsvariablen x_1 und x_2 und eine Ausgangsvariable y
besitzt.

Die experimentelle Untersuchung wird folgendermaßen durchgeführt: Für
x_2 wird ein fester Wert vorgegeben und x_1 in Stufen geändert. Nach jeder
Änderung von x_1 muß die Übergangszeit abgewartet werden, während der
sich y zeitlich ändert, bevor y abgelesen werden darf. Sind alle interessierenden Werte von x_1 eingestellt worden, so liegt für einen bestimmten
Parameter $x_2 = P$ die Funktion $y_1 = f_1(x_1)$ als Wertetabelle vor. Diese
Meßreihe muß für alle interessierenden Parameter x_2 wiederholt werden,
um den gesamten Variationsbereich von x_1 und x_2 zu erfassen. Grafisch
läßt sich der Zusammenhang entsprechend Bild 53 darstellen. Einen bes-
seren Überblick über das Prozeßverhalten gestattet die Darstellung nach
Bild 54. Hier ist $y = f(x_1, x_2)$ dargestellt. Die y-Achse ist die Höhe

über der Papierebene. Die eingezeichneten Kurven sind die Verbindungs-
linien von Punkten gleicher Höhe. Die nebenstehenden Zahlen geben die
Höhe bzw. den y-Wert an. Aus Bild 54 kann entnommen werden, daß
unser gedachter Prozeß bei $x_1 = 6$ und $x_2 = 5$ ein Maximum mit $y = 8$

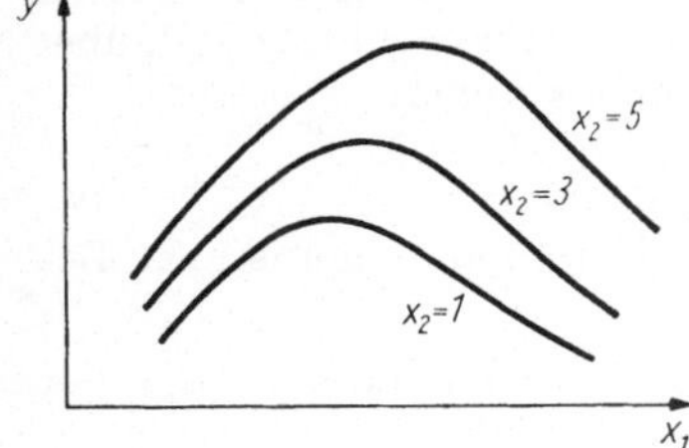

Bild 53. Zur grafischen Darstellung eines
Prozesses mit zwei Variablen

besitzt. Aus dem Abstand zweier Kurven kann auf die Steilheit des Ab-
falls bzw. des Anstieges, geschlossen werden. Die Steilheit ist um so
größer, je kleiner der Abstand ist. Diese anschauliche Darstellung des
Prozeßverhaltens ist natürlich bei drei oder mehr Eingangsvariablen nicht
mehr möglich. Zur Darstellung des Prozeßverhaltens mit n Eingangsvariablen wird ein $(n+1)$-dimensionaler Raum benötigt. Das kann nur
analytisch aber nicht mehr grafisch dargestellt werden.

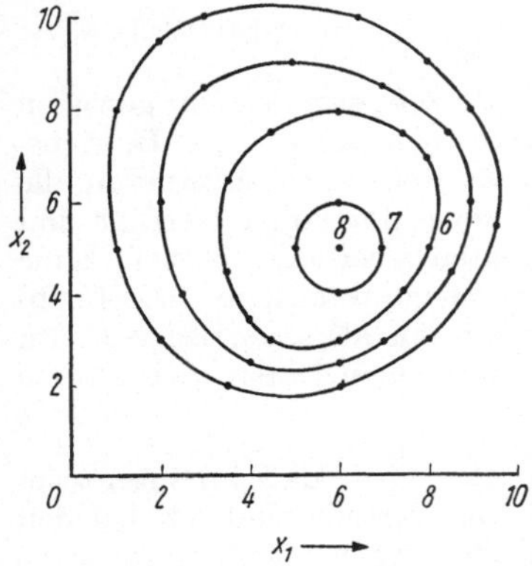

Bild 54. Zur grafischen Darstellung eines
Prozesses mit zwei Variablen

Nachteile der experimentellen Methode:

Bei dem angenommenen Fall (2 Variable und 10 Meßpunkte pro Variable)
wären bereits 100 Messungen erforderlich. Bei 3 Variablen und 10 Meß-
punkten pro Variable würden bereits 1000 Messungen notwendig sein.
Bei praktischen Problemen ist die Zahl der Variablen wie auch die Zahl
der notwendigen Meßpunkte pro Variable noch höher, so daß sich eine
außerordentlich große Zahl von Messungen ergibt. Da bei jeder Messung
die Übergangszeit abgewartet werden muß, ist die Gesamtmeßzeit außerordentlich lang. Da im allgemeinen während des Betriebes gemessen werden muß, stellen die für die Messungen notwendigen Änderungen der

Eingangsvariablen unzumutbare Störungen des Prozesses dar. Eine weitere
Schwierigkeit besteht darin, daß während der Messungen zufällige Störungen unvermeidbar sind. Um die dadurch bedingten Fehler klein zu
halten, könnte z. B. jeder Meßpunkt mehrfach aufgenommen und für das
Prozeßmodell der Mittelwert verwendet werden. Dadurch würde sich die
Meßzeit noch wesentlich vergrößern. Die Mittelwertbildung stellt bereits
ein einfaches statistisches Verfahren dar. Zusammenfassend läßt sich über
die experimentelle Ermittlung des Prozeßmodells sagen:

1. Die Meßzeit ist sehr groß

2. Während der Meßzeit befindet sich der Prozeß in ungünstigen Be-
   triebszuständen

3. Der Einfluß von Störungen während des Experiments kann nur mit
   Hilfe von statistischen Methoden reduziert werden

6.4. Ermittlung des Prozeßmodells mit Hilfe statistischer Methoden

Während wir bisher zur Ermittlung des Prozeßmodells nur Daten verwendet haben, die eine eindeutige Beschreibung von Zusammenhängen
erlaubten, wollen wir jetzt auch Informationen mit geringerer Aussage-
kraft zulassen. Mit Hilfe der Statistik sind wir in der Lage, auch aus
solchen „aussageschwachen" Informationen unser Prozeßmodell zu ge-
winnen. In [31] wird Statistik wie folgt definiert: „Statistik ist eine Zusammenfassung von Methoden, welche uns erlauben, vernünftige Entscheidungen im Fall von Ungewißheit zu treffen."
Beim normalen Betrieb ändern sich die Prozeßvariablen in gewissen
Grenzen zufällig. Es ist naheliegend, diese sich ändernden Betriebszustände für eine Prozeßanalyse zu nutzen. Zu diesem Zweck werden alle
Variablen, z. B. in Abständen von einer Minute, fortlaufend erfaßt und
registriert. Auf diese Weise erhält man Daten über den Prozeß, ohne
ihn durch Experimente zu stören. Die Datenmenge wächst mit der Beobachtungszeit. Die so gewonnenen Daten wollen wir als statistische Daten
bezeichnen. Gegenüber den experimentell gewonnenen Daten weisen diese
einige Unterschiede auf.

1. Während der Experimentator dafür sorgen wird, daß im interessierenden Bereich die Meßpunkte gleichmäßig verteilt sind, ist bei den
   statistischen Daten eine gleichmäßige Verteilung der Meßpunkte nicht
   zu erwarten. Abgesehen von wenigen Ausnahmen, werden sich die
   Meßpunkte in der Umgebung des „normalen" Arbeitspunktes des Prozesses befinden und sich in unmittelbarer Nähe dieses Punktes häufen

2. Der Experimentator wartet noch Änderungen von x_1, x_2 ab, bis y
   den stationären Wert erreicht hat und ist bemüht, während des Experi-
   mentes zufällige Störungen auszuschließen. Von den experimentell gewonnenen Meßwerten x_{1i}, x_{2i}, y_i kann deshalb angenommen werden,
   daß sie den Punkt i des Prozeßmodells $y = f(x_1, x_2)$ richtig beschreiben.
   Das statistische Datenmaterial wird gewonnen, indem zu einem will-
   kürlichen Zeitpunkt unabhängig von den vorangegangenen Störungen
   oder Änderungen der Eingangsvariablen die augenblicklichen Werte

von x_1, x_2, y festgehalten werden. Deshalb läßt sich mit einem Meßwerttripel aus dem statistischen Datenmaterial kein Punkt der Funktion $y = f\,(x_1,\ x_2)$ richtig beschreiben. Lediglich aus der Gesamtheit der Meßwerte kann der wahrscheinliche Verlauf $y = f\,(x_1,\ x_2)$ gewonnen werden. Diese Eigenschaft der durch fortlaufende Erfassung erhaltenen Daten berechtigt uns, diese als statistische Daten zu bezeichnen

Bei der Benutzung dieser Daten werden wir die genannten Eigenschaften entsprechend berücksichtigen müssen. Das Verfahren, das für die Analyse technischer Prozesse am häufigsten herangezogen wird, ist die Regressionsanalyse. Die einfachste Form der Regressionsanalyse stellt die Ermittlung der Ausgleichsgeraden dar.

6.4.1. *Regressionsanalyse eines linearen Systems mit einer Eingangsvariablen*

Problem: Durch eine Punktfolge von Meßwerten soll eine Gerade optimal gezogen werden. Optimal bedeutet dabei, daß die Summe der Abweichungsquadrate ein Minimum werden soll.

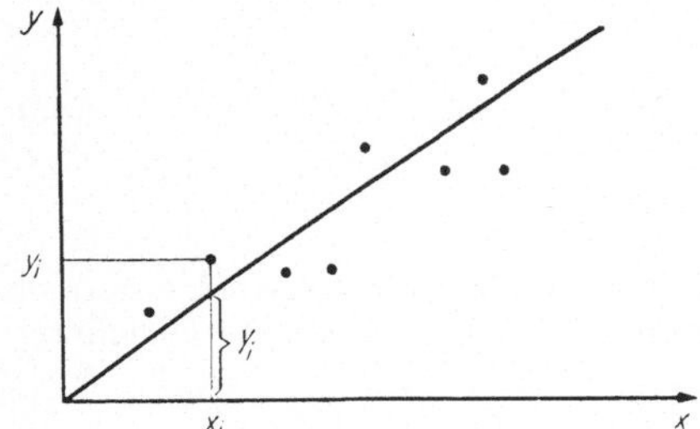

Bild 55. Zur Ausgleichsgeraden
x_i Abszissen-; y_i Ordinatenwert des Meßpunktes; Y_i zu x_i gehörender Ordinatenwert der Ausgleichsgeraden

Es sei angenommen, daß diese Bedingung von einer Geraden, die durch den Nullpunkt geht, erfüllt wird.
Mit den Bezeichnungen im Bild 55 muß gelten:

$$S = \sum_{i=1}^{n} (y_i - Y)^2 = \text{Minimum} \tag{40}$$

mit $Y = ax$ erhält man

$$S(a) = \sum_{i=1}^{n} (y_i - ax_i)^2 = \text{Minimum} \tag{41}$$

Bild 56 veranschaulicht den Verlauf der Summe der Abweichungsquadrate als Funktion der Steigung a. Die Steigung a muß so bestimmt werden, daß die Summe der Abweichungsquadrate minimal wird. Das trifft für den Punkt a_1 zu. Der Punkt a_1 zeichnet sich dadurch aus, daß die Funktion $S\,(a)$ an dieser Stelle die Steigung Null hat. Den Wert a_1 erhält man, indem man die Funktion $S\,(a)$ nach a differenziert und die Ableitung $\dfrac{\partial S}{\partial a}$ Null setzt.

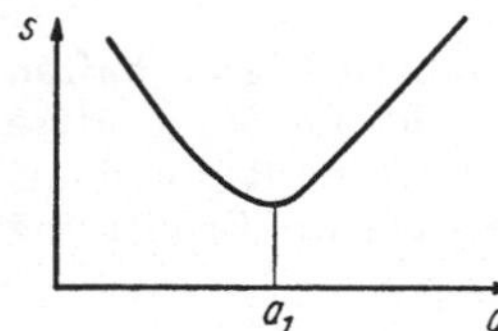

Bild 56. Qualitativer Verlauf ¦der Funktion $S(a)$ entsprechend Gl. (41)

Aus

$$\frac{\partial S}{\partial a} = -\,2 \sum_{i=1}^{n} x_i\,(y_i - ax_i) = 0 \tag{42}$$

erhält man

$$a_1 = \frac{\displaystyle\sum_{i=1}^{n} x_i y_i}{\displaystyle\sum_{i=1}^{n} x_i^2} \tag{43}$$

Im allgemeinen kann nicht erwartet werden, daß die Regressionsgerade durch den Nullpunkt geht. Für den allgemeinen Fall lautet die Gleichung der Regressionsgeraden

$$Y = a_0 + a_1 \mathrm{x} \tag{44}$$

Jetzt müssen zwei Koeffizienten, die Verschiebung a_0 und die Steigung a_1 ermittelt werden. a_0 und a_1 sind so zu bestimmen, daß die Summe der Abweichungen minimal wird. Die Ableitung der Regressionskoeffizienten a_0 und a_1 erfolgt ähnlich wie im Falle der Nullpunktgeraden und soll nur angedeutet werden. Der interessierte Leser kann die Ableitung in [16] finden.

$$S = \sum_{i=1}^{n} (y_i - a_0 - a_1 x_i) = \text{Min} \tag{45}$$

Diese Bedingung wird erfüllt, wenn die partiellen Ableitungen nach a_0 und a_1 Null werden.

$$\frac{\partial S}{\partial a_0} = -\,2 \sum_{i=1}^{n} (y_i - a_0 - a_1 x_i) = 0 \tag{46}$$

$$\frac{\partial S}{\partial a_1} = -\,2 \sum_{i=1}^{n} x_i\,(y_i - a_0 - a_1 x_i) = 0 \tag{47}$$

Wird das Gleichungssystem bestehend aus den Gln. (46) und (47) nach den beiden Unbekannten a_0 und a_1 aufgelöst, so erhält man die Gln. (48) und (49).

$$a_0 = \frac{\overline{x^2}\,\overline{y} - \overline{x}\,\overline{xy}}{\overline{x^2} - \overline{x}^2} \tag{48}$$

$$a_1 = \frac{\overline{xy} - \overline{x}\,\overline{y}}{\overline{x^2} - \overline{x}^2} \tag{49}$$

dabei sind die überstrichenen Größen Mittelwerte

$$\text{z. B.} \quad \overline{x} = \frac{1}{n} \sum_{i=1}^{n} x_i$$

Mit den Gln. (48) und (49) können aus den vorliegenden Meßwerten x_i, y_i die Koeffizienten a_0 und a_1 der Gl. (44) berechnet werden.

6.4.2. *Regressionsanalyse eines linearen Systems mit mehreren Eingangsvariablen*

Praktisch interessierende Systeme besitzen häufig viele Eingangsvariablen. Der lineare Regressionsansatz für n Eingangsvariablen lautet:

$$Y = a_0 + a_1 x + a_2 x_2 + \ldots + a_n x_n \tag{50}$$

Die Berechnung der Koeffizienten wird analog wie im Abschnitt 6.4.1. durchgeführt und führt auf ein lineares Gleichungssystem mit $n + 1$ Gleichungen. Das sich anschließende Schema, das [3] entnommen ist, stellt die Lösung dieses Gleichungssystems dar. Es erlaubt die Berechnung der Regressionskoeffizienten a_0 bis a_n für eine beliebige Zahl von Einflußgrößen x_1 bis x_n.

$$a_0 = \frac{\begin{vmatrix} \overline{y} & \overline{x_1} & \overline{x_2} & \cdot & \cdot & \overline{x_n} \\ \overline{yx_1} & \overline{x_1^2} & \overline{x_2 x_1} & \cdot & \cdot & \overline{x_n x_1} \\ \overline{yx_2} & \overline{x_1 x_2} & \overline{x_2^2} & \cdot & \cdot & \overline{x_n x_2} \\ \cdot & \cdot & \cdot & & & \cdot \\ \cdot & \cdot & \cdot & & & \cdot \\ \overline{yx_n} & \overline{x_1 x_n} & \overline{x_2 x_n} & \cdot & \cdot & \overline{x_n^2} \end{vmatrix}}{N\,D} \tag{51}$$

$$a_1 = \frac{\begin{vmatrix} 1 & \overline{y} & \overline{x_2} & . & . & \overline{x_n} \\ \overline{x_1} & \overline{yx_1} & \overline{x_2x_1} & . & . & \overline{x_nx_1} \\ \overline{x_2} & \overline{yx_2} & \overline{x_2{}^2} & . & . & \overline{x_nx_2} \\ . & . & . & & & . \\ . & . & . & & & . \\ \overline{x_n} & \overline{yx_n} & \overline{x_2x_n} & . & . & \overline{x_n{}^2} \end{vmatrix}}{\mathrm{N\,D}} \tag{52}$$

$$a_n = \frac{\begin{vmatrix} 1 & \overline{x_1} & \overline{x_2} & . & . & \overline{y} \\ \overline{x_1} & \overline{x_1{}^2} & \overline{x_2x_1} & . & . & \overline{yx_1} \\ \overline{x_2} & \overline{x_1x_2} & \overline{x_2{}^2} & . & . & \overline{yx_2} \\ . & . & . & & & . \\ . & . & . & & & . \\ \overline{x_n} & \overline{x_1x_n} & \overline{x_2x_n} & . & . & \overline{yx_n} \end{vmatrix}}{\mathrm{N\,D}} \tag{53}$$

Die Nennerdeterminante N D ist für alle Regressionskoeffizienten a_0 bis a_n gleich.

$$\mathrm{ND} = \begin{vmatrix} 1 & \overline{x_1} & \overline{x_2} & . & . & \overline{x_n} \\ \overline{x_1} & \overline{x_1{}^2} & \overline{x_2x_1} & . & . & \overline{x_nx_1} \\ \overline{x_2} & \overline{x_1x_2} & \overline{x_2{}^2} & . & . & \overline{x_nx_2} \\ . & . & . & & & . \\ . & . & . & & & . \\ \overline{x_n} & \overline{x_1x_n} & \overline{x_2x_n} & . & . & \overline{x_n{}^2} \end{vmatrix} \tag{54}$$

Die Zählerdeterminante für den Koeffizienten a_i, wobei $i = 1 \ldots n$, entsteht aus der Nennerdeterminante, indem in den Gliedern der $(i + 1)$-ten Spalte ein x_i durch y ersetzt wird.

An dieser Stelle sei der Leser darauf hingewiesen, daß zu einer Regressionsgleichung eine Aussage über ihre Zuverlässigkeit gehört. Zum Beispiel

ist es interessant, wie breit ein Toleranzfeld um eine ermittelte Regressions·
gerade sein muß, damit 95% aller Meßwerte in dieses Toleranzfeld fallen·
Diese und viele andere wichtige Fragestellungen der Statistik können in
diesem Kapitel nicht behandelt werden. Der sich dafür speziell interessie·
rende Leser sei auf die Literaturstellen [9] [16] und [25] verwiesen.

6.4.3. Nichtlineare Regression

Bisher wurde versucht, einen durch eine Wertetabelle vorgegebenen mathematischen Zusammenhang zwischen einer Ausgangs- und mehreren
Eingangsvariablen durch eine lineare Regressionsgleichung anzunähern.
Wir haben dabei keine Rücksicht darauf genommen, ob die vorliegenden
Daten von einem linearen oder nichtlinearen System stammen. Da im
allgemeinen das Prozeßmodell nur in der Umgebung des Arbeitspunktes
interessiert, stellt eine lineare Regressionsgleichung häufig eine hinrei-
chende Näherung für einen nichtlinearen Prozeß dar. In besonderen Fällen
werden nichtlineare Regressionsgleichungen verwendet. Für einen Prozeß
mit zwei Einflußgrößen x_1, x_2 lautet der quadratische Regressionsansatz
bei Mitnahme aller Glieder

$$y = a_0 + a_1 x_1 + a_2 x_2 + a_3 x_1 x_2 + a_4 x_1^2 + a_5 x_2^2 \tag{55}$$

Gegenüber der linearen Regressionsgleichung, die nur drei Koeffizienten
a_0 bis a_2 enthält, sind hier sechs Koeffizienten a_0 bis a_5 zu berechnen.
Prinzipiell wird genau wie im linearen Fall vorgegangen. Die Koeffizienten a_0 bis a_5 müssen so bestimmt werden, daß die Summe der Abweichungsquadrate minimal wird. Der Rechenaufwand ist bei der nichtlinearen Regression wesentlich größer als bei der linearen. Abgesehen
davon, daß bei zwei Variablen sich die Zahl der Koeffizienten von 3 auf 6
erhöht, ist die Bestimmung eines jeden dieser sechs Koeffizienten weitaus
aufwendiger, als im linearen Fall. Wenn man schon mit einer linearen
Regressionsgleichung nicht auskommt, ist sorgfältig zu prüfen, welche
Glieder des quadratischen Ansatzes von großem Einfluß sind und welche
vernachlässigt werden können. Es dürfte außerordentlich selten sein, daß
das vollständige Polynom als Regressionsansatz verwendet werden muß.
Häufig wird man aus der Kenntnis der physikalisch-chemischen Zusammenhänge bereits entscheiden können, welches die wesentlichen Glieder
sind. Stellt sich z. B. für einen bestimmten Fall heraus, daß außer der
Konstanten a_0 und dem gemischten Produkt $x_1 x_2$ die anderen Ausdrücke
zu vernachlässigen sind, so wird mit dem Ansatz

$$y = a_0 + a_3 x_1 x_2$$

die Regressionsanalyse sehr einfach.

Wie im linearen Fall, so sind auch im nichtlinearen Fall nur die Größen
mit dem stärksten Einfluß zur Regressionsanalyse heranzuziehen. Während aber im linearen Fall sich diese Untersuchung auf die einzelnen
Variablen bezieht, muß sie im nichtlinearen Fall für die einzelnen Ausdrücke durchgeführt werden. Diese Untersuchung, die das Ausscheiden
unwesentlicher Ausdrücke zur Folge hat, ist bei der nichtlinearen Regression besonders wichtig.

6.4.4. *Zeitveränderliche Systeme*

Systeme, deren Parameter sich zeitlich ändern, werden als zeitvariant,
Systeme mit zeitlich konstanten Parametern, als zeitinvariant bezeichnet.
Eine Regressionsgleichung hat natürlich wenig Sinn, wenn ihre Koeffizienten kurze Zeit, nachdem sie bestimmt sind, ihre Gültigkeit verloren
haben.

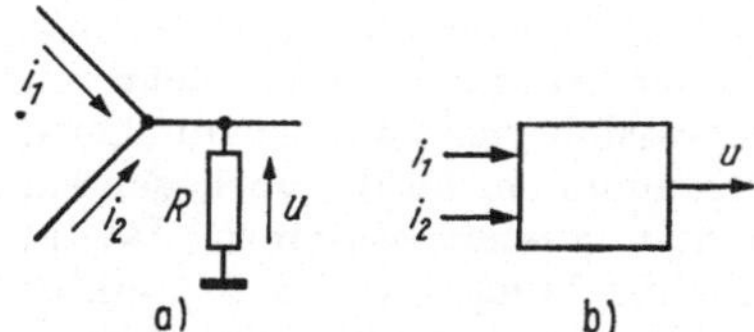

Bild 57. Zur Parameteränderung. System mit variablem Parameter
a) Schaltung, b) Blockbild

An dem Beispiel nach Bild 57 soll ein System mit einem veränderlichen
Parameter diskutiert werden. In der Schaltung nach Bild 58a gilt:

$$u = R\,(i_1 + i_2) \tag{56}$$

i_1 und i_2 sind die Eingangsgrößen, u_a ist die Ausgangsgröße und R der
einzige Parameter. Änderungen des Widerstandes, d. h. Parameteränderungen, sind zu erwarten, wenn sich die Umgebungstemperatur des Widerstandes ändert. R ist also kein konstanter Parameter.
Den Einfluß der Temperatur auf den Widerstand gibt Gl. (57) wieder

$$R = R_0\,(1 + a\,\vartheta)\,. \tag{57}$$

Dabei ist $\vartheta = T - T_0$ die Temperaturdifferenz gegenüber einer Bezugs-
temperatur T_0 und R_0 ist der Widerstand bei T_0.
Mit (57) erhält man aus (56)

$$u = R_0\,(1 + a\,\vartheta)\,(i_1 + i_2)\,. \tag{58}$$

Gegenüber Gl. (57) besitzt Gl. (58) eine Variable mehr, dafür enthält
Gl. (58) keine variablen Parameter. Das zu Gl. (58) entsprechende Blockbild zeigt Bild 58.

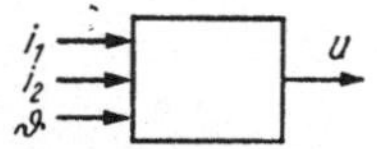

*Bild 58. Zur Parameteränderung. System mit konstanten
Parametern*

Das Beispiel läßt folgende Schlußfolgerungen zu: Parameteränderungen
sind nicht für einen Prozeß an sich, sondern für die ihn beschreibende Gleichung typisch. Berücksichtigt die Prozeßgleichung ausnahmslos alle Einflußgrößen die auf den Prozeß wirken, so treten keine Parameteränderungen auf.

Für das Außerachtlassen von Einflußgrößen gibt es eine Reihe von Gründen:

1. Die Wirkung der Einflußgröße auf die Zielgröße ist zu gering

2. Die Einflußgröße ist meßtechnisch nicht erfaßbar

3. Die Wirkungen der Einflußgröße konnten nicht erfaßt werden, weil die Einflußgröße im Beobachtungszeitraum konstant war

4. Die Größe ist in die Beobachtungen nicht einbezogen worden, weil ein Einfluß auf die Zielgröße nicht vermutet wurde

6.4.5. *Der optimale Beobachtungszeitraum*

Ziel der Regressionsanalyse ist es, Prozeßgleichungen zu finden, die den untersuchten Prozeß so genau wie möglich beschreiben. Insbesondere müssen die ermittelten Regressionsgleichungen erlauben, Prognosen für das zukünftige Verhalten des Prozesses zu stellen. Aus dem Verhalten des Prozesses in einem Zeitraum T_1 wird auf sein Verhalten in einem Zeitraum T_2, der sich dem Zeitraum T_1 unmittelbar anschließt, geschlossen. Die Antwort auf die Frage nach dem günstigsten Beobachtungszeitraum T_1 hängt davon ab, für welchen Zeitraum T_2 die Prozeßgleichungen gelten sollen.

Für einen Prozeß, bei dem die Außentemperatur als Einflußgröße nicht erfaßt wurde und damit als Störgröße in Erscheinung tritt, möge die Regressionsgleichung gesucht sein. Die Gültigkeit der Gleichung soll zeitlich unbegrenzt sein. Stehen für die Regressionsanalyse Messungen zur Verfügung, die sich während eines Wintermonats ergaben, so kann nicht damit gerechnet werden, daß die daraus ermittelte Regressionsgleichung den Prozeß in den Sommermonaten gut beschreibt. Bei der vorliegenden Aufgabenstellung muß sich der Beobachtungszeitraum mindestens über ein Jahr erstrecken. Je größer der Beobachtungszeitraum ist, um so genauer beschreibt die Regressionsgleichung den Prozeß.

Liegen bei einer Regressionsanalyse Beobachtungen von einem oder von mehreren Jahren vor, so kann angenommen werden, daß der Parameter für die Regressionsgleichung die mittlere Jahrestemperatur ist. Die Aussagen der Regressionsgleichung sind also nur dann voll gültig, wenn die Störgröße, die Außentemperatur, gleich ihrem Jahresmittel ist. Tatsächlich schwankt die Temperatur um ihr Jahresmittel erheblich. Immerhin sind die Abweichungen der Temperatur gegenüber dem Mittel kleiner, als gegenüber jedem anderen Bezugspunkt. Der ungünstigste Bezugspunkt wäre die maximale oder minimale Temperatur. Gegenüber einem dieser Bezugspunkte sind die maximalen Abweichungen doppelt so groß, wie gegenüber dem Mittelwert.

Ist man bereit, die Regressionsanalyse in gewissen Abständen zu wiederholen, so liefert eine kürzere Beobachtungszeit günstigere Ergebnisse. Eine Regressionsgleichung, die sich auf Messungen im Monat Dezember stützt, wird das Verhalten des Prozesses im Monat Januar natürlich besser beschreiben können, als eine Regressionsgleichung, der ein Beobachtungszeitraum von einem Jahr zugrunde liegt.

6.4.6. *Einfluß der Dynamik des Prozesses auf die Regressionsanalyse*

Neben dem statischen Verhalten, das von einer Regressionsgleichung oder einer statischen Kennlinie beschrieben werden kann, besitzt jeder Prozeß auch ein dynamisches Verhalten, das zum Beispiel von der Übergangsfunktion beschrieben wird [27]. Der Einfluß der Dynamik soll an einem Verzögerungsglied erster Ordnung betrachtet werden. Bild 59 zeigt das

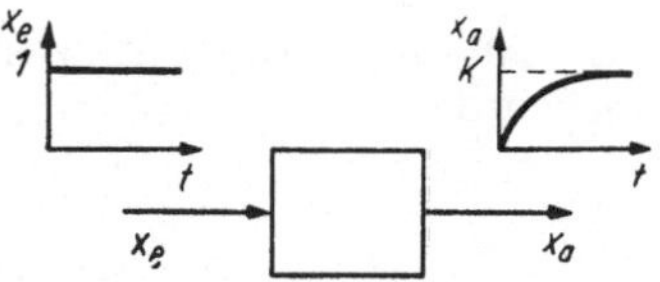

Bild 59. Zum Einfluß des dynamischen Verhaltens. Reaktion eines Verzögerungsgliedes auf den Einheitssprung

Glied mit dem Einheitssprung als Eingangssignal und der Übergangsfunktion als Ausgangssignal. Den Zusammenhang zwischen der Eingangs- und Ausgangsgröße beschreibt die folgende einfache Differentialgleichung

$$T\, x_\mathrm{a}' + x_a = K\, x_\mathrm{e}\,. \tag{59}$$

Gl. (60) beschreibt das statische Verhalten des Verzögerungsgliedes.

$$x_\mathrm{a}^* = K\, x_\mathrm{e}\,. \tag{60}$$

Die Ermittlung des statischen Verhaltens ist auch Ziel der Regressionsanalyse. Die für die Regressionsanalyse vorliegenden Meßwerte sind jedoch durch das dynamische Verhalten beeinflußt. Sie entstammen nicht, wie wünschenswert wäre, der statischen Gl. (60), sondern der Differentialgleichung (59). Wird bei einem Verzögerungsglied mit dem Übertragungsfaktor $K = 1$ nach erfolgtem Eingangssprung die Ausgangsgröße im Abstand von T abgetastet, so ergibt sich die folgende Wertetabelle

x_e	1	1	1	1	1
x_a	0	0,63	0,86	0,95	0,98

Der statische Zusammenhang lautet jedoch $x_\mathrm{a}^* = x_\mathrm{e}$. Es ergibt sich die **Frage**, ob man überhaupt in der **Lage** ist, aus einer Wertetabelle, die durch dynamische Einflüsse „verfälscht" ist, den statischen Zusammenhang mit Hilfe der Regressionsanalyse zu finden.
Bild 60 zeigt den Verlauf von x_a und x_e für zwei willkürlich angenommene Sprünge. Gestrichelt ist der Verlauf x_a^* (t) gezeichnet der sich entsprechend der Gleichung

$$x_\mathrm{a}^* = x_\mathrm{e}$$

ergibt. Im Zeitintervall t_0 bis t_1 ist x_a kleiner als x_a^*, im Zeitraum t_1 bis t_2 stimmen beide überein und im Zeitraum t_2 bis t_3 ist x_a größer als x_a^*. Die durch die Dynamik des Gliedes verursachten „Fehler" in der Wertetabelle haben also wechselndes Vorzeichen und man kann hoffen, daß sie einander weitgehend kompensieren. Tatsächlich ist erfahrungsgemäß bei den meisten praktischen Prozessen der Einfluß der Prozeßdynamik auf die Regressionsgleichung vernachlässigbar klein, sofern für die Regressionsanalyse genügend viele Meßwerte herangezogen werden. Es lassen sich jedoch Fälle angeben, wo als Folge der Prozeßdynamik die Regressionsanalyse versagt.

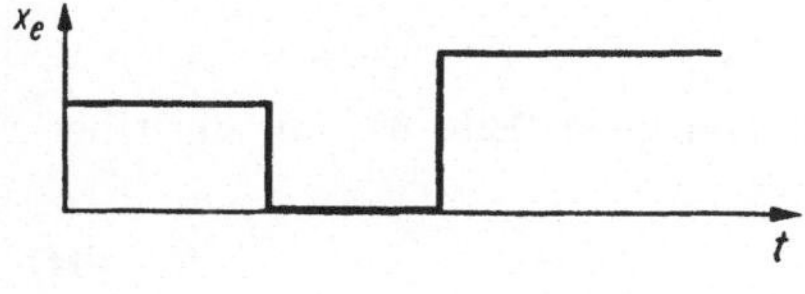

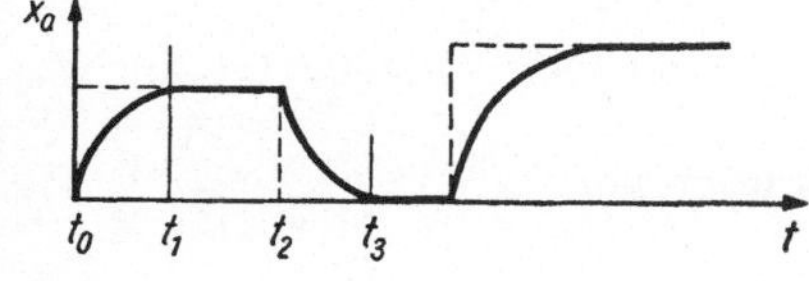

Bild 60. Zum Einfluß des dynamischen Verhaltens

――――― Reaktion eines Verzögerungsgliedes 1. Ordnung;
― ― ― ― Reaktion eines P-Gliedes auf $x_e(t)$

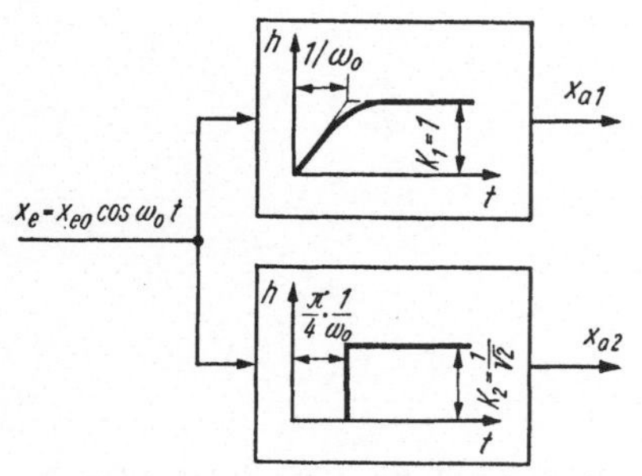

Bild 61. Zum Vergleich von Verzögerungs- und Totzeitglied

Auf den Eingang eines Verzögerungsgliedes (Bild 61) mit der Übertragungsfunktion

$$F = \frac{1}{1 + p\,T_1} \tag{61}$$

wobei $T_1 = \dfrac{1}{\omega_0}$

möge eine Sinusgröße Gl. (62) wirken

$$x_e = x_{e0} \sin \omega_0 t \tag{62}$$

In diesem Fall erhält man für die Ausgangsgröße

$$x_a = \frac{1}{1 + j}\, x_e . \tag{63}$$

69

Der Betrag der Ausgangsgröße ist

$$| x_\mathrm{a} | = \frac{1}{\sqrt{2}} \, | x_\mathrm{e} | .$$

Die Phasenverschiebung gegenüber der Eingangsgröße beträgt

$$\varphi = - \frac{\pi}{4} .$$

Die gleiche Ausgangsgröße liefert ein Totzeitglied (Bild 61) mit der Übertragungsfunktion

$$F = K \cdot \mathrm{e}^{-p T_\mathrm{t}} \tag{64}$$

wobei $K = \dfrac{1}{\sqrt{2}}$ und $T_t = \dfrac{\pi}{4} \dfrac{1}{\omega_0}$.

Denn es gilt für den Betrag der Ausgangsgröße:

$$| x_\mathrm{a} | = K \, | x_\mathrm{e} | = \frac{1}{\sqrt{2}} \, | x_\mathrm{e} |$$

und für die Phasendrehung:

$$F = K \cdot \mathrm{e}^{-\mathrm{j} \omega_0 T_\mathrm{t}}$$

$$F = K \cdot \mathrm{e}^{-\mathrm{j} \frac{\pi}{4}}$$

$$\varphi = - \frac{\pi}{4} .$$

Für den konstruierten Fall sind die Ausgangssignale des Verzögerungs- und des Totzeitgliedes im Bild 61 einander gleich

$$x_{\mathrm{a}1} = x_{\mathrm{a}2} .$$

Dieses Ergebnis ist nicht überraschend, wenn man sich erinnert, daß zur Beschreibung eines linearen Gliedes alle Frequenzen zwischen $\omega = 0$ und $\omega = \infty$ herangezogen werden müssen.
Ein sinusförmiges Testsignal, d. h. ein bestimmtes ω liefert lediglich einen einzigen Punkt der Ortskurve [18] [32]. Erhält man für ein sinusförmiges Eingangssignal bei zwei verschiedenen Gliedern gleiche Ausgangssignale, so bedeutet das, daß die Ortskurven der beiden Glieder in einem Punkt übereinstimmen. Bild 62 zeigt die Ortskurve des Verzögerungs- und des Totzeitgliedes. Die Ortskurve des Verzögerungsgliedes ist ein Halbkreis im vierten Quadranten mit dem Durchmesser 1. Er beginnt bei $\omega = 0$ auf der reellen Achse und endet bei $\omega = \infty$ im Koordinatenursprung. Die Ortskurve des Totzeitgliedes, gestrichelt gezeichnet, ist ein Kreis mit einem Radius $r = \dfrac{1}{\sqrt{2}}$ und dem Koordinatenursprung als Mittelpunkt.

Die Ortskurve beginnt bei $\omega = 0$ auf der reellen Achse und durchläuft den Kreis mit steigender Frequenz unendlich oft. Bei der Frequenz ω_0 schneiden beide Ortskurven einander.

In einem solchen Fall, in dem das Eingangs- und das Ausgangssignal ein Glied nicht eindeutig zu beschreiben vermögen, ist natürlich auch die Regressionsanalyse nicht in der Lage, den gültigen statischen Zusammenhang zu liefern.

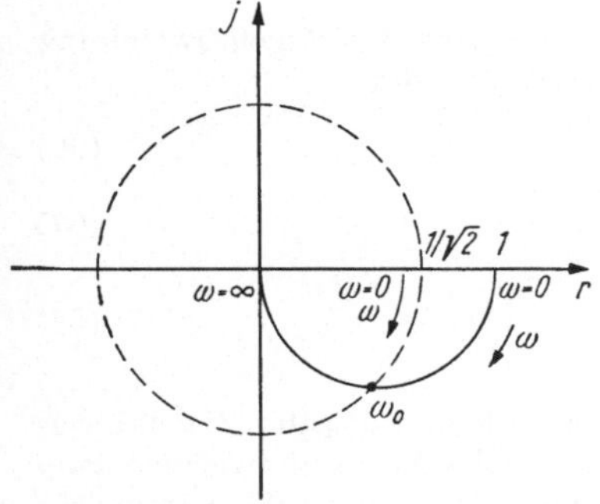

Bild 62. Ortskurve eines Verzögerungsgliedes 1. Ordnung und eines Totzeitgliedes

Wird statt einer Sinusgröße eine periodische Rechteckschwingung als Testsignal benutzt, so besitzt die Ausgangsgröße wegen der Oberwellen zwar einen größeren Informationsgehalt, es ist aber nicht möglich, mit ihr ein Glied vollständig zu beschreiben. Ein regelloses Eingangssignal enthält das ganze Frequenzspektrum und erlaubt deshalb eine eindeutige Beschreibung des Gliedes. Soll die Regressionsanalyse auf ein dynamisches System mit Erfolg angewendet werden, so muß vom Eingangssignal des Systems Regellosigkeit gefordert werden, d. h., daß der zeitliche Verlauf des Signals zufällig sein muß. Erfüllt das Eingangssignal diese Forderung nicht, so kann die Regressionsanalyse fehlerhafte Ergebnisse liefern.

7. Regelungsrechner

7.1. Rechner als Ersatz für viele klassische Regler (DDC)|

Unter der abkürzenden Bezeichnung DDC (direct digital control) hat sich eine Methode eingeführt, die gestattet, durch einen Digitalrechner eine Zahl klassischer Regler zu ersetzen. Ein häufig verwendeter klassischer Regler hat die folgende mathematische Beziehung zu realisieren:

$$y = K_\mathrm{R} \left(x_w + \frac{1}{T_\mathrm{I}} \int x_w \, \mathrm{d}t + T_\mathrm{D} \frac{\mathrm{d}x_w}{\mathrm{d}t} \right) \tag{65}$$

wobei $x_w = x - w$

Gl. (65) stellt die Differentialgleichung eines PID-Reglers dar mit der Regelgröße x, der Führungsgröße w und der Stellgröße y. K_R, T_I, T_D

sind die Reglerparameter, die entsprechend einer vorgegebenen Regelstrecke so eingestellt werden, daß der Regelkreis ein günstiges Zeitverhalten bekommt.

Ein Digitalrechner, der einen Regler ersetzen soll, muß gleichfalls die Stellgröße y bilden, welche die Gl. (65) mit einer gewissen Genauigkeit befriedigt. Da der Digitalrechner nicht in der Lage ist, die Operationen Integration und Differentiation direkt durchzuführen, muß ein Algorithmus verwendet werden, der diese Operationen mit hinreichender Genauigkeit nachbildet.

Mit Hilfe der nachfolgenden drei Gleichungen wird die Regelabweichung x_w, ihr Integral und ihr Differenzenquotient gebildet.

$$x_i - w = x_{wi} , \tag{66}$$

$$\Delta t x_{wi} + S_{i-1} = S_i . \tag{67}$$

$$\frac{x_{wi} - x_{wi-1}}{\Delta t} = \frac{\Delta x_{wi}}{\Delta t} , \tag{68}$$

x_i bezeichnet die Regelgröße zum Zeitpunkt $i\Delta t$ und x_{wi} die Regelabweichung zum gleichen Zeitpunkt. Δt ist der zeitliche Abstand zwischen zwei Abtastungen der Regelgröße. Ist Δt hinreichend klein, so ist die Summe S_i, die den Flächeninhalt der Treppenkurve für x_w repräsentiert, eine gute Näherung für $\int x_w \, \mathrm{d}t$ und $\dfrac{\Delta x_{wi}}{\Delta t}$ entsprechend Gl. (68) eine gute Näherung für den Differentialquotienten $\dfrac{\mathrm{d}x_w}{\mathrm{d}t}$ zum Zeitpunkt $i\Delta t$.

Aus diesen Anteilen kann mit Hilfe der Gl. (69) der Stellbefehl für den Zeitpunkt $i\Delta t$ berechnet werden.

$$y_i = K_{\mathrm{R}} \left(x_{wi} + \frac{S_i}{T_{\mathrm{I}}} + T_{\mathrm{D}} \, \frac{\Delta x_{wi}}{\Delta t} \right) \tag{69}$$

Der Rechner berechnet in Abständen von Δt die Stellgröße y, indem er die Gl. (66) bis (69) auswertet. Für die Berechnung eines einzigen y-Wertes muß der Digitalrechner bereits eine große Zahl von Operations- und Transportbefehlen durchführen. Im Falle von n Regelkreisen muß diese Rechnung in der Zeit Δt n-mal durchgeführt werden. Für Anwendungen der direkten digitalen Regelung sind deshalb nur schnelle Rechner geeignet.

Bild 63b veranschaulicht die Arbeitsweise einer Einrichtung zur direkten digitalen Regelung. Zum Vergleich zeigt Bild 63a n Regelkreise, die klassische Regler enthalten. Die Einrichtung muß nacheinander die n Regelgrößen x_1 bis x_n entsprechend dem eingegebenen Programm zu Stellgrößen y_1 bis y_n verarbeiten. Dabei kann der geforderte funktionale Zusammenhang zwischen Regel- und Stellgröße für jeden Regelkreis ein anderer sein. Der Vorgang beginnt damit, daß der Meßstellenumschalter $U1$ die gewünschte Regelgröße x_1 auf den Eingang des A/D-Umsetzers schaltet. Der Umsetzer liefert den Wert der Regelgröße im gewünschten digitalen Kode an den Rechner R. Der Rechner berechnet den gewünschten Stellbefehl y_1, der vom D/A-Umformer in eine analoge Größe umgeformt vom

Umschalter $U2$ zum Eingang des Speichers Sp durchgeschaltet wird. Am
Eingang der Regelstrecke Si steht der jeweils zuletzt errechnete Stellbefehl y_i dauernd zur Verfügung. Bild 63 zeigt eine von vielen Möglichkeiten, die direkte digitale Regelung zu realisieren. Weitere Möglichkeiten
sind in den Bildern 64 und 65 dargestellt.

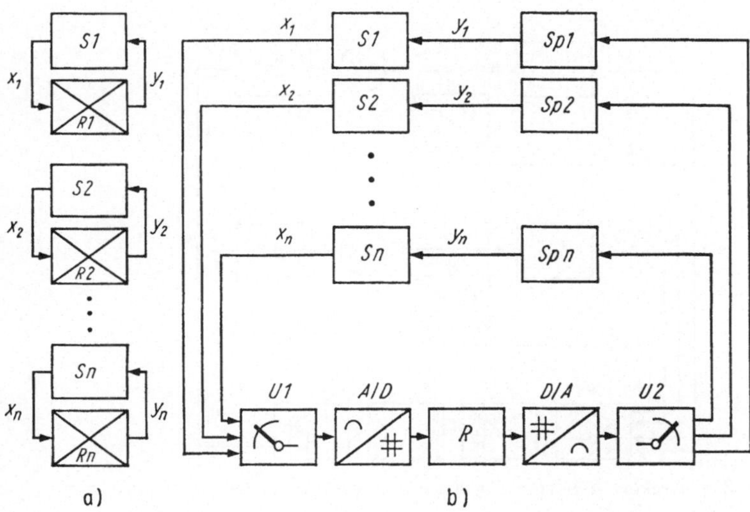

*Bild 63. Gegenüberstellung von n Regelkreisen mit n Reglern (Bild a) mit einer
DDC-Regeleinrichtung (Bild b)*

Bei der Lösung nach Bild 64 werden vom zentralen Teil digitale Stellbefehle abgegeben, während der zentrale Teil nach Bild 63 analoge Stellbefehle ausgibt. Dementsprechend ist im Bild 64 $U2$ ein Umschalter für
digitale Signale und die Speicher $Sp1$ bis Spn sind digitale Speicher.

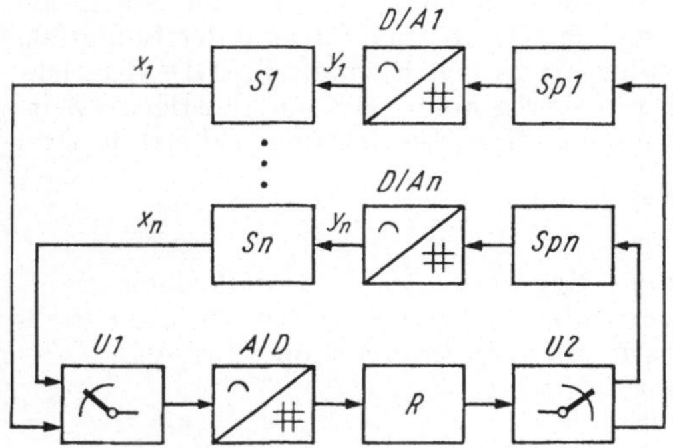

Bild 64. Zur direkten digitalen Regelung. Lösung mit n digitalen Speichern

Die digitalen Stellbefehle, die am Ausgang der Speicher liegen, werden
von den D/A-Umformern in analoge Größen umgewandelt und den Regelstrecken *S1* bis *Sn* zur Verfügung gestellt.
Die Einrichtung nach Bild 65 weist gegenüber den Einrichtungen nach
Bild 63 und 64 grundsätzliche Unterschiede auf. Während in den vorangegangenen Fällen vom Rechner die volle Stellgröße ausgegeben wurde,

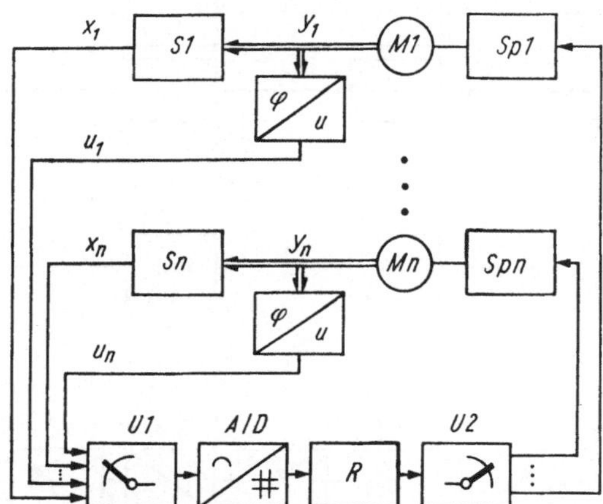

Bild 65. Zur direkten digitalen Regelung. Lösung mit n Dreipunktspeichern

liefert jetzt der Rechner lediglich eine Information darüber, ob die augen-
blicklich wirkende Stellgröße vergrößert oder verkleinert wird oder un-
verändert bleibt. Dementsprechend brauchen die Speicher *Sp1* bis *Spn*
nur eine Speicherkapazität von 2 bit zu besitzen. Der Inhalt des Speichers *Spi* legt fest, welchen der drei Zustände Rechtslauf, Linkslauf oder
Stillstand der Motor *Mi* einnimmt. Der Motor *Mi* verstellt direkt das
Stellglied der Regelstrecke *Si*. Ohne die Winkel-Spannungsumformer φ/Ui
arbeitet die Einrichtung als Zweilaufregler mit den bekannten Nachteilen
einer Zweilaufregelung. Z. B. ist eine schnelle Änderung der Stellgröße
aus Stabilitätsgründen nicht möglich. Durch Rückführung der Stellgröße
über den Winkel-Spannungsumformer an den Eingang der DDC-Einrichtung und ein entsprechendes Rechnerprogramm, wird ein günstigeres Zeitverhalten erzielt. Die Arbeitsweise der DDC-Einrichtung läßt sich in zwei
Abschnitte unterteilen.

1. Bestimmung des Stellbefehls

   Der Umschalter *U1* tastet die Regelgröße x_i ab. Der Rechner ermittelt entsprechend dem gewünschten Zeitverhalten den Wert der Stellgröße y_i und speichert diesen in einem internen Speicher ab

2. Ausführung des Stellbefehls

   Der Rechner gibt über den Dreipunktspeicher für den Motor die Drehrichtung vor, die zur Einstellung der gewünschten Stellgröße führt.

74

In kurzen Zeitabständen wird jetzt die Größe u_i abgetastet und mit der errechneten Stellgröße y_i verglichen. Hat die eingestellte Größe den Wert der errechneten erreicht, setzt der Rechner den Motor Mi über den Speicher Spi still

Ist die Einlaufzeit des Motors klein gegenüber den Zeitkonstanten der Strecke, so wirkt die Nachlaufeinrichtung wie ein proportional wirkender Stellantrieb. Das Verfahren läßt sich leicht modifizieren. Z. B. ist es bei schnellen Strecken naheliegend, einen neuen Stellbefehl zu errechnen, bevor der alte vollständig eingestellt ist.

Gegenüberstellung der beschriebenen Lösungen

Geht man davon aus, daß in allen drei Fällen zur Verstellung der Stellorgane ein Elektromotor erforderlich ist, so sind die drei Lösungen regelungstechnisch gleichwertig. Sie unterscheiden sich im Aufwand und in der Zuverlässigkeit. Fällt der Rechner aus, so ist es wünschenswert, daß der zuletzt eingestellte Wert der Stellgröße erhalten bleibt. Werden für die analogen Speicher im Bild 63 elektromechanische Speicher verwendet, so wird die obengenannte Forderung erfüllt. Andererseits haben elektromechanische Speicher eine große Übernahmezeit und blockieren dadurch den Rechner ungewöhnlich lange, so daß die DDC-Einrichtung nur eine geringe Zahl von Strecken regeln kann.

Analoge elektronische Speicher haben relativ kurze Übernahmezeiten, besitzen jedoch beschränkte Speicherzeiten. Wird bei Ausfall des Rechners längere Zeit kein neuer Wert eingespeichert, so nehmen alle Stellgrößen den Wert Null an. Es besteht allerdings die Möglichkeit, den Regelstrecken bei Rechnerstörungen fest voreingestellte Stellgrößen aufzuschalten.

Die Lösung nach Bild 64 ist technisch die beste. Die digitalen Speicher haben kurze Übernahme- und unbeschränkte Speicherzeiten. Wegen der aufwendigen digitalen Speicher und D/A-Umformer dürfte diese Lösung die teuerste sein.

Bild 65 stellt die Lösung mit dem geringsten Aufwand dar. Neben dem Motor, der für die Verstellung des Stellgliedes ohnehin erforderlich ist, wird pro Regelkreis lediglich ein Dreipunktspeicher und ein Potentiometer, das als Winkel-Spannungsumformer dient, benötigt. Dagegen ist die letzte Variante bezüglich der Zuverlässigkeit sehr ungünstig. Werden im Störungsfall vom Rechner an die Speicher keine neuen Stellbefehle gegeben, so wird von den Motoren die durch den letzten Befehl vorgegebene Laufrichtung beibehalten. Mit Ausnahme der Motore, für die der letzte gespeicherte Befehl „Stillstand" lautete, werden alle Motore in kurzer Zeit die Anschläge der Stellglieder erreichen. Damit nehmen diese Stellgrößen kurze Zeit nach dem Rechnerausfall ihre Extremwerte an, die im allgemeinen für die Regelstrecke sehr ungünstige, häufig sogar gefährliche Arbeitspunkte ergeben.

Voraussetzung für die direkte digitale Regelung ist ein Rechner mit sehr großer Zuverlässigkeit. Seine Verfügbarkeit sollte größer als 99,95 % sein, das bedeutet, daß innerhalb eines Jahres eine Ausfallzeit von etwa vier Stunden zugelassen wird.

Sollwertverstellung durch Rechner

Bei Optimierungsaufgaben, An- und Abfahrvorgängen an technischen Anlagen ist es erforderlich, die Sollwerte der Regler entsprechend vorgegebener Beziehungen zu verändern. Die Aufgabenstellung ist ähnlich wie bei der direkten digitalen Regelung und wird auch meistens mit den gleichen technischen Mitteln gelöst. Der Rechner ermittelt aus den Eingangsinformationen auf Grund der vorgegebenen Beziehungen den Sollwert für den Regelkreis und führt mit Hilfe der DDC-Einrichtung die Verstellung an der Regelstrecke durch. Handelt es sich um einen sehr wichtigen Regelkreis, für den eine hohe Zuverlässigkeit gefordert wird, so wird auf die direkte digitale Regelung verzichtet. Der Digitalrechner verstellt lediglich den Sollwert eines klassischen Reglers. Das bedeutet, daß beim Ausfall des Rechners der analoge Regler mit dem zuletzt ausgegebenen Sollwert eine Festwertregelung durchführt.

Einschätzung der direkten digitalen Regelung

Bezüglich der Zuverlässigkeit ist eine DDC-Einrichtung gegenüber unabhängig arbeitenden Reglern unterlegen, da der Ausfall eines Reglers einen geringeren Schaden zur Folge hat.

Vorteile der direkten digitalen Regelung sind:

1. Unter günstigen Umständen ergeben sich geringere Kosten.

2. Es können ohne Schwierigkeiten komplizierte Reglerfunktionen realisiert werden. Die Meßgrößen können, sofern erforderlich, mit den nötigen Korrekturen versehen werden.

3. DDC ist für die komplexe Automatisierung eines Prozesses sehr gut geeignet. Ein Prozeßrechner, der einzelne Prozeßabschnitte steuert und den ganzen Prozeß optimiert, kann ohne großen Mehraufwand die einzelnen im Prozeß enthaltenen Regelstrecken regeln.

7.2. Optimisatoren

Arbeitsweise

Bei der Vorwärtsoptimierung wird die Kenntnis der Prozeßgleichungen vorausgesetzt. Ein anderes Verfahren, bei dem die Prozeßgleichungen weder bekannt noch zeitlich konstant zu sein brauchen, ist die Rückwärtsoptimierung. Das ist ein experimentelles Verfahren, bei dem ein Gerät, Optimisator genannt, durch systematisches Verändern der Eingangsgrößen das Prozeßoptimum sucht. Zur Erläuterung dieser Methode soll wieder das bei der Vorwärtsoptimierung verwendete Beispiel benutzt werden. Kriterium soll wieder der maximale Gewinn sein. Im Gegensatz zur Vorwärtsoptimierung besteht bei der Rückwärtsoptimierung kein Anlaß, die Störgrößen mitzuerfassen. Daraus resultiert der Vorteil, daß die Zahl der zu verarbeitenden Größen kleiner wird. Das Verfahren wird durch Bild 66 veranschaulicht. Der Gewinnrechner ermittelt aus den Eingangs- und Ausgangsgrößen des Prozesses den Gewinn G. Damit sind die vielen Ausgangsgrößen auf nur eine interessierende Ausgangsgröße zurückgeführt.

Das System Prozeß plus Gewinnrechner wird im stationären Zustand durch
die Funktion

$$G = G\,(x_1,\,x_2,\,\ldots,\,x_n)$$

beschrieben, wobei als Parameter dieser Funktion die unbeeinflußbaren
Eingangsgrößen y_i und die Störgrößen z_i in Erscheinung treten. Der Optimisator verändert schrittweise eine Eingangsgröße und wartet die Reaktion des Prozesses auf diese Änderung ab. War der Schritt erfolgreich,

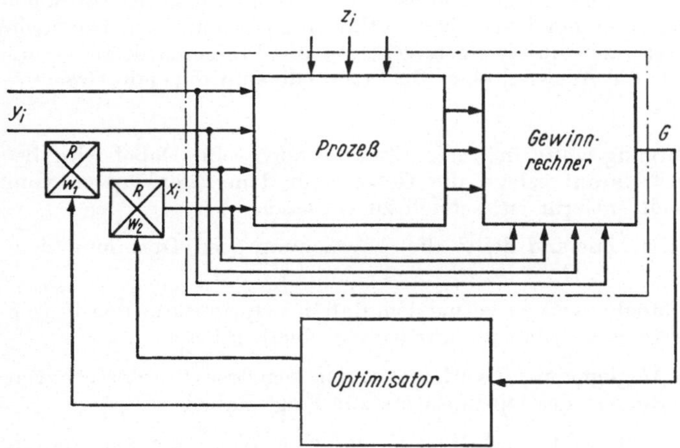

Bild 66. Zur Rückwärtsoptimierung

d. h. ist der Gewinn größer geworden, so wird der neue Wert der mani-
pulierten Eingangsgröße beibehalten und ein neuer Versuch mit der gleichen oder einer anderen Eingangsgröße unternommen. Im Fall eines Miß-
erfolges wird der Versuchsschritt rückgängig gemacht.

Suchmethoden

Es gibt eine große Zahl von Möglichkeiten, den Extremwert zu erreichen.
Bei einem System mit mehreren Eingangsvariablen (z. B. $x_1 \ldots x_3$) bieten
sich folgende Strategien an:

1. Die Eingangsvariablen $x_1 \ldots x_3$ werden nacheinander um den gleichen Schritt Δx in der erfolgreichen Richtung verändert. Hiernach wird
   wieder mit x_1 begonnen und das Verfahren so lange fortgesetzt, bis der
   Extremwert erreicht ist

2. Es wird zunächst eine Eingangsgröße, z. B. x_1, so lange schrittweise
   verändert, bis die Ausgangsgröße (in diesem Fall der Gewinn G) ein
   relatives Maximum erreicht. Diese Manipulation wird nacheinander
   mit allen Eingangsvariablen durchgeführt, bis schließlich das absolute
   Maximum erreicht ist

3. Die schrittweisen Änderungen werden nicht an einer beliebigen Eingangsvariablen begonnen, sondern an der, die in diesem Gebiet den Gewinn am stärksten beeinflußt. Damit ergibt sich der Vorteil, daß man sich dem Extremwert schneller nähert. Hingegen erfordert die letztgenannte Suchmethode einen komplizierten Automaten

Mit den drei angeführten Suchmethoden sind die Möglichkeiten, einen Extremwert zu finden, bei weitem nicht erschöpft. So wurde z. B. bisher die Schrittweite als konstant betrachtet. Es ist jedoch naheliegend, daß eine Schrittweite, die mit dem Abstand vom Optimalwert größer wird, sich auf die Suchgeschwindigkeit günstig auswirken würde. Es soll nicht versucht werden, alle möglichen Suchmethoden zu beschreiben. Die angeführten drei Methoden dürften genügen, um die Problematik zu veranschaulichen. Für die Auswahl einer Suchmethode sind folgende Gesichtspunkte wichtig:

1. Der Suchvorgang sollte in kurzer Zeit beendet sein. Dabei wird besonders Wert darauf gelegt, die Gebiete, in denen der Prozeß vom Optimum weit entfernt ist, schnell zu verlassen

2. Im stationären Zustand sollte die Abweichung vom Optimum klein sein

3. Es ist nach Möglichkeit zu vermeiden, daß der Optimisator den Prozeß probehalber in wesentlich ungünstigere Gebiete führt

4. Es ist nach Möglichkeit zu vermeiden, daß regellose Prozeßstörungen Fehlentscheidungen des Optimisators zur Folge haben

5. Die Suchmethode sollte gestatten, in einfacher Weise Bereichsgrenzen der Eingangsvariablen zu berücksichtigen

6. Das Suchverfahren sollte keinen großen apparativen Aufwand erfordern

Eine Suchmethode, die gegenüber anderen große Vorzüge aufweist, ist das Gradientenverfahren. Eine große Zahl von Optimisatoren, die in [5] [10] und [28] beschrieben sind, benutzen diese Suchmethode. Sie soll anhand eines einfachen Optimisators erläutert werden: Im Arbeitspunkt P_0 des Prozesses, der durch die Variablen x_i festgelegt ist, werden die partiellen Ableitungen der Funktion $G\,(x_1,\ x_2,\ \ldots,\ x_n)$ gebildet, womit auch der Gradient in diesem Punkt bekannt ist:

$$\operatorname{grad} G = \sum_{i=1}^{n} \frac{\partial G}{\partial x_i} \cdot e_i$$

Zu den Variablen x_i werden die Größen $K\,(\partial G/\partial x_i)$ addiert. Damit ist der Arbeitspunkt des Prozesses um einen Schritt in Richtung des Gradienten gewandert. Da die Gradientenbestimmung relativ viel Zeit in Anspruch nimmt, wird deshalb nicht sofort der neue Gradient bestimmt. Es werden vielmehr weitere Schritte in Richtung des im Punkt P_0 bestimmten Gradienten gemacht, bis ein relatives Maximum erreicht ist. Nun wird wieder eine neue Gradientenbestimmung vorgenommen und

das Verfahren so lange fortgesetzt, bis das Maximum erreicht ist. Als
Maß für die Annäherung an das Maximum dient die Größe

$$\xi = \sum_{i=1}^{n} \left| \frac{\partial G}{\partial x_i} \right|$$

Unterschreitet diese Größe einen bestimmten Betrag ξ_1, so gilt die Approximation als beendet.

Ein Optimisator kann günstig als hybrides Gerät aufgebaut werden. Es
ist vorteilhaft, den Operationsteil durch analoge Rechenglieder und den
Steuerteil durch digitale Logikbausteine zu realisieren.

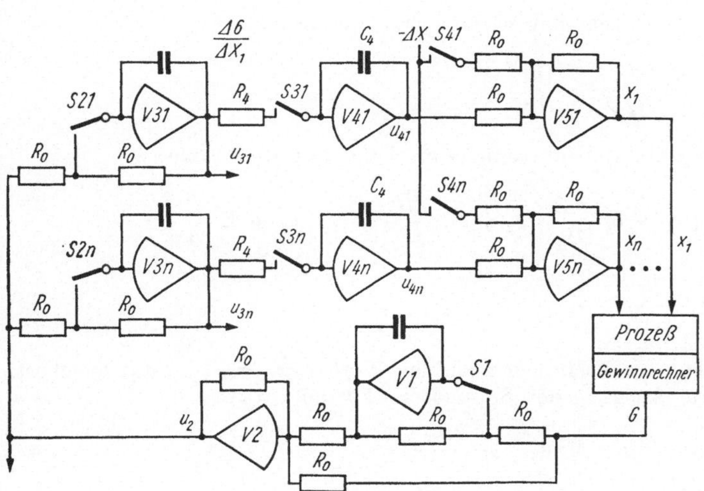

Bild 67. Operationsteil eines Optimisators

An dem Operationsteil nach Bild 67 soll die Arbeitsweise des Optimisators erläutert werden.

1. Der Vorgang beginnt mit dem Speichern des Wertes $G(x_1, x_2, \ldots, x_n)$.
   Zu diesem Zweck wird der Schalter *S1* für eine kurze Zeit geschlossen.
   Damit ist der Wert $G(x_1, x_2, \ldots, x_n)$ gespeichert und am Ausgang
   des Verstärkers *V1* verfügbar

2. Durch Schließen des Schalters *S41* wird x_1 um Δx vergrößert. Nach
   einer Übergangszeit erscheint am Ausgang des Systems der Wert
   $G(x_1 + \Delta x, x_2, \ldots, x_n)$. Damit ergibt sich am Ausgang des Verstärkers *2* die Spannung

$$u_2 = -\Delta G_1 = G(x_1, x_2, \ldots, x_n) - G(x_1 + \Delta x_1, x_2, \ldots, x_n).$$

Der Wert ΔG_1 wird vom Verstärker *V31* gespeichert, indem Schalter *S21*
für kurze Zeit geschlossen wird. Die Spannung ΔG_1 ist dem Differenzenquotienten $\Delta G / \Delta x_1$ proportional, der wegen der Kleinheit von Δx_1
dem Differentialquotienten annähernd gleich ist.

In der gleichen Weise wie $\Delta G/\Delta x_1$ werden die Differenzenquotienten $\Delta G/\Delta x_2 \ldots \Delta G/\Delta x_n$ gebildet. Damit ist der Gradient bestimmt. Die Komponenten des Gradienten sind an den Ausgängen der Verstärker $V31$ bis $V3n$ als Spannungen u_{31} bis u_{3n} verfügbar

3. Ein Schritt in Richtung des Gradienten wird dadurch erzielt, daß die Schalter $S31$ bis $S3n$ für eine bestimmte Zeit T_s geschlossen werden. Damit erhalten die Integratorspannungen u_{4i} einen Zuwachs von der Größe:

$$- u_{3i} \frac{T_s}{R_4 C_4}$$

Auf den Prozeßeingang wirken jetzt die Größen:

$$x_i + \frac{T_s}{R_4 C_4} \cdot \frac{\Delta G}{\Delta x_i} \, .$$

Am Ausgang des Gewinnrechners erscheint nun die Größe:

$$G \left(x_1 + K \frac{\Delta G}{\Delta x_1} , x_2 + K \frac{\Delta G}{\Delta x_2} , \ldots , x_n + K \frac{\Delta G}{\Delta x_n} \right),$$

wobei $K = \dfrac{T_s}{R_4 C_4} \, .$

Da der Integrator $V1$ immer noch den Wert $G\,(x_1, x_2, \ldots, x_n)$ speichert, erscheint am Ausgang des Summators $V2$ die Größe:

$$u_2 = \Delta G_s = G\,(x_1, x_2, \ldots, x_n)$$

$$- G \left(x_1 + K \frac{\Delta G}{\Delta x_1} , x_2 + K \frac{\Delta G}{\Delta x_2} , \ldots , x_n + K \frac{\Delta G}{\Delta x_n} \right)$$

Mit ΔG_s soll die Gewinndifferenz verstanden werden, d. h. Gewinn vor dem Schritt minus Gewinn nach dem Schritt in Richtung des Gradienten.

Ist $\Delta G_s < 0$, so wird durch kurzzeitiges Schließen von $S1$ der neue G-Wert gespeichert und durch Schließen der Schalter $S31$ bis $S3n$ für die Zeit T_s ein weiterer Schritt in Richtung des anfangs bestimmten Gradienten gemacht. Diese Schritte werden so lange wiederholt, bis $\Delta G_s \geqq 0$ wird. Das bedeutet, daß ein in Richtung des Gradienten liegendes relatives Maximum erreicht oder gar überschritten ist. In diesem Fall wird der Gradient von neuem bestimmt. Das Verfahren wird fortgesetzt, bis die Annäherung an das absolute Maximum genügend genau ist, d. h.,

$$\xi = \sum_{i=1}^{n} \left| \frac{\Delta G}{\Delta x_i} \right| < \xi_1$$

Der Optimisator macht eine Pause und beginnt danach wieder mit der Suche nach dem Maximum, das infolge von Störungen sich in der Zwischenzeit evtl. zu anderen x_i-Werten verschoben hat.

Die Bilder 68 und 69 zeigen Entscheidungsglieder für $\varDelta G_8$ und ξ. Der Komparator im Bild 68 bildet an seinem Ausgang ein binäres Signal u_5, das für $\varDelta G_8 < 0$ gleich 0 und für $\varDelta G_8 \geqq 0$ gleich L ist. Die Entscheidung, ob $\xi < \xi_1$ ist, fällt die im Bild 69 gezeigte Einrichtung. Die Spannungen u_{3i}, die den Differenzenquotienten entsprechen, werden Betragsbildnern

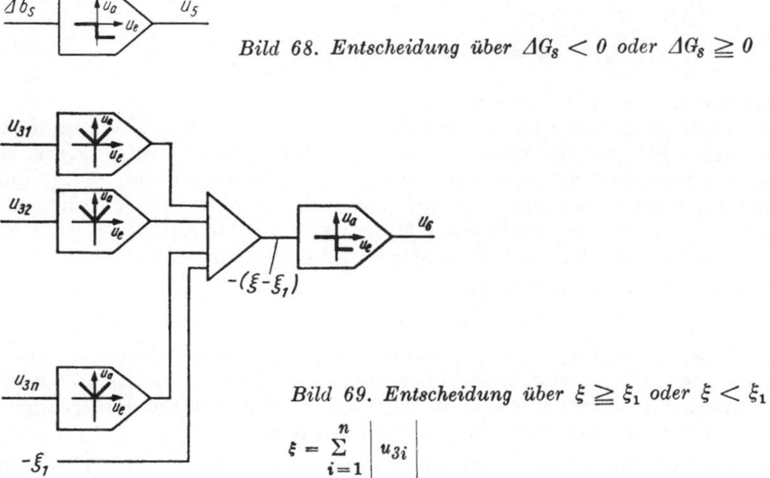

Bild 68. *Entscheidung über $\varDelta G_8 < 0$ oder $\varDelta G_8 \geqq 0$*

Bild 69. *Entscheidung über $\xi \geqq \xi_1$ oder $\xi < \xi_1$*

$$\xi = \sum_{i=1}^{n} \left| u_{3i} \right|$$

zugeführt und anschließend mit $-\xi_1$ aufsummiert. Der darauffolgende Komparator bildet ein binäres Signal u_6, das für $\xi < \xi_1$ gleich L und für $\xi \geqq \xi_1$ gleich 0 ist. In Abhängigkeit von den Signalen u_5 und u_6 steuert ein Steuergerät die Schalter $S1$ bis $S4$. Der Übersicht wegen möge die Arbeit des Optimisators noch durch ein Flußdiagramm veranschaulicht werden (Bild 70).

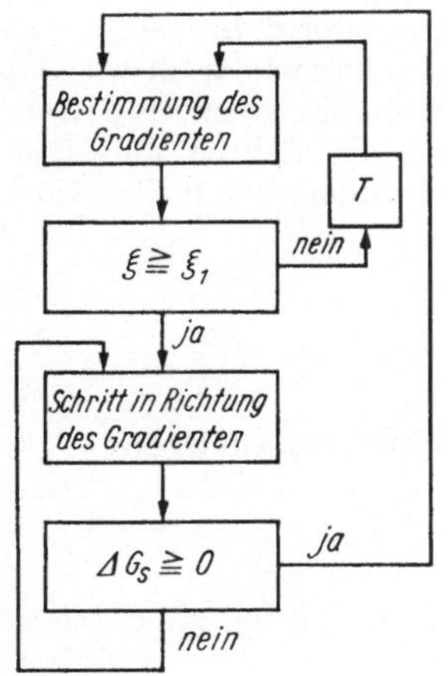

Bild 70. *Zur Arbeitsweise des Optimisators*

Beschränkungen des Suchvorganges

Praktisch ist das Gebiet, in dem gesucht werden darf, immer begrenzt. Einerseits sind die Eingangsvariablen x_i nicht in beliebigen Grenzen veränderlich. Zum anderen dürfen die Geräte, die zum Prozeß gehören, nicht überlastet werden. Das bedeutet, daß bei der Suche nach dem Maximum von

$$G\,(x_1,\ x_2,\ \ldots,\ x_n)\ \text{die Nebenbedingungen}$$

$$H_j\,(x_1,\ x_2,\ \ldots,\ x_n)\leqq 0\ \ j = 1\ \ldots\ m$$

berücksichtigt werden müssen.

Beim Gradientenverfahren ist es relativ einfach, die Nebenbedingungen zu berücksichtigen. Ist beim Suchen des Maximums von $G\,(x_i)$ z. B. $H_3\,(x_i) > 0$ geworden, so schaltet sich der Optimisator von $G\,(x_i)$ auf $H_3\,(x_i)$ um und verschiebt den Arbeitspunkt so weit in Richtung von — grad $H_3\,(x_i)$, bis die Bedingung $H_3\,(x_i) \leqq 0$ wieder erfüllt ist. Danach wird wieder die Suche nach dem Maximum $G\,(x_i)$ fortgesetzt.

Sind mehrere $H_j\,(x_i) > 0$, z. B.

$H_2\,(x_i)$, $H_3\,(x_i)$, $H_5\,(x_1) > 0$, so wird

$H_0 = H_2\,(x_i) + H_3\,(x_i) + H_5\,(x_i)$ gebildet und der Arbeitspunkt in Richtung — Grad H_0 so weit verschoben, bis alle $H_j\,(x_i) \leqq 0$. Es soll noch kurz untersucht werden, wie das Gradientenverfahren die Forderungen erfüllt, die an ein Suchverfahren gestellt wurden:

Große Suchgeschwindigkeit erfordert eine große Schrittweite. Die endgültige Abweichung vom Optimum ist jedoch bei großer Schrittweite ebenfalls groß. Das Gradientenverfahren wird diesen entgegengesetzten Forderungen dadurch gerecht, daß die Schrittweite dem Gradienten proportional ist. Durch die Trennung von Probeschritt und Annäherungsschritt kann der Probeschritt stets klein gehalten werden, so daß sich der Gewinn auch während des Probeschrittes nicht wesentlich verkleinern kann. Dagegen wird die 4. Forderung nicht erfüllt. Ändert sich in der Zeit, in der der Gradient bestimmt wird, der Gewinn G auf Grund von Störungen des Prozesses, so ist der bestimmte Gradient falsch. Der nächste Schritt kann dadurch den Arbeitspunkt vom Prozeßoptimum weiter entfernen. Liegt ein Prozeß vor, bei dem Fehlentscheidungen dieser Art häufig zu erwarten sind, so kann man sie dadurch einschränken, daß nacheinander zwei Gradienten bestimmt werden und der Schritt nur dann ausgeführt wird, wenn sie nur unwesentlich voneinander verschieden sind.

8.   Kombinierte Systeme

8.1.   Gegenüberstellung von Vorwärts- und Rückwärtsoptimierung

Vorteile der Rückwärtsoptimierung:

1. Die Prozeßgleichungen brauchen nicht bekannt zu sein

2. Es werden nicht wie bei der Vorwärtsoptimierung zeitlich unveränderliche Prozeßgleichungen verlangt

3. Der Aufwand beim Optimisator ist unabhängig von der Kompliziertheit der Prozeßgleichungen. Im allgemeinen dürfte der Aufwand für
einen Optimisator wesentlich kleiner sein als für einen Steuerungsrechner

Nachteile der Rückwärtsoptimierung:

1. Verglichen mit einem Steuerungsrechner arbeitet der Optimisator sehr
langsam, da die Zeit für jeden seiner Schritte größer als die Übergangszeit des Prozesses sein muß

2. Der Optimisator regelt nur die statischen Fehler aus

3. Ein Optimisator arbeitet nur an einem solchen Prozeß gut, dessen
Übergangszeit wesentlich kleiner ist als der mittlere zeitliche Abstand
zweier aufeinanderfolgender Störungen. Treffen die Störungen in wesentlich kürzeren zeitlichen Abständen ein, so versagt der Optimisator
schließlich ganz

Die aufgezählten Vor- und Nachteile der Rückwärtsoptimierung gegenüber der Vorwärtsoptimierung sind qualitativer Art. Sie lassen kein Urteil
über die Einsatzbreite dieser Verfahren zu. Die bisherige Entwicklung
hat jedoch gezeigt, daß der Vorwärtsoptimierung eine wesentlich größere
Bedeutung als der Rückwärtsoptimierung zukommt. Während in der Literatur für die Vorwärtsoptimierung eine große Zahl von Beispielen genannt wird, sind für die Rückwärtsoptimierung nur wenige bekannt geworden. Dabei handelt es sich um Optimisatoren, die an Prozessen arbeiten,
die eine kleine Zahl von Eingangsvariablen besitzen. Ein Beispiel für
den Einsatz eines Optimisators ist die Optimierung des Brennstoff-Luftverhältnisses bei Verbrennungsprozessen zur Verbesserung des Wirkungsgrades.

8.2. Kombination von Vorwärts- und Rückwärtsoptimierung

Häufig sind die Prozeßgleichungen nicht vollständig bekannt. In diesen
Fällen läßt sich aber oft die Abhängigkeit des Prozesses von einigen
Haupteinflußgrößen mehr oder weniger genau angeben. Das Modell, das
man vom Prozeß besitzt, ist zwar ungenau, um mit einer Rechnersteuerung
das Optimum zu erreichen, es ist aber damit möglich, den Arbeitspunkt
in der Umgebung des Optimums zu halten. Das ist schon an sich ein
großer Vorteil. Weiterhin wird oft durch diese Maßnahme erst möglich,
einen Optimisator einzusetzen. Besitzt die Gewinnfunktion mehrere Maxima verschiedener Höhe, so bietet diese Tatsache jetzt keine Schwierigkeiten, da der Arbeitspunkt des Prozesses in der Umgebung des absoluten
Maximums gehalten wird. Weiterhin verursachen die regellosen Änderungen der Haupteinflußgrößen wegen der Rechnersteuerung wesentlich
kleinere Störungen des Prozesses. Der Optimisator findet also günstigere
Arbeitsbedingungen vor. Die geringe Arbeitsgeschwindigkeit des Optimisators fällt jetzt auch weniger ins Gewicht, da die größten Abweichungen vom Optimum von der schnellen Rechnersteuerung beseitigt
werden. Bild 71 zeigt das Blockdiagramm einer kombinierten Optimierung.

Auf Grund der unbeeinflußbaren Variablen y_i ermittelt der Steuerungsrechner mit Hilfe des eingespeicherten Prozeßmodells die beeinflußbaren
Variablen x_i, die die Zielgröße G optimieren sollen. Da das eingespeicherte
Modell nur eine unvollkommene Näherung des Prozeßmodells ist, wird
das Optimum auch nur näherungsweise erreicht. Der Optimisator mani-
puliert die errechneten Stellgrößen x_i so lange, bis das Optimum erreicht

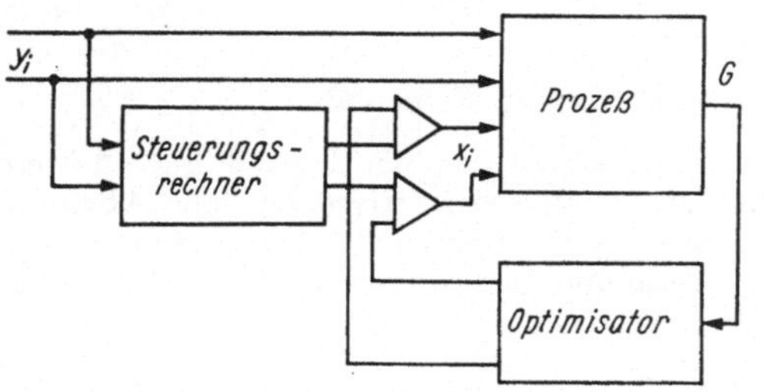

Bild 71
*Zur Kombination von Vorwärts-
und Rückwärtsoptimierung*

ist. Die zum Optimum führenden Eingangsvariablen x_i setzen sich sum-
marisch aus dem Rechenergebnis des Steuerungsrechners und einer durch
den Optimisator experimentell gefundenen Korrekturgröße zusammen.
Das beschriebene kombinierte Verfahren ist technisch sowohl der Vor-
wärts- als auch der Rückwärtsoptimierung überlegen. Wegen des großen
Aufwandes dürfte es jedoch nur in sehr schwierigen und ökonomisch besonders interessanten Fällen zur Anwendung kommen.

Bezeichnung	Symbol	Operationsgleichung
Verstärker offen	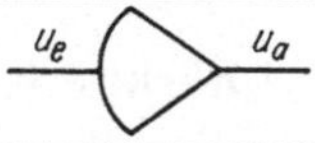 $u_e \quad\triangleright\quad u_a$	$u_a = V u_e$ $V \longrightarrow -\infty$
P-Verstärker	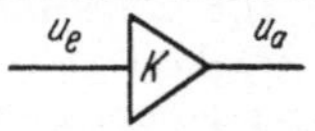 $u_e \quad\boxed{K}\triangleright\quad u_a$	$u_a = -K u_e$
Summator	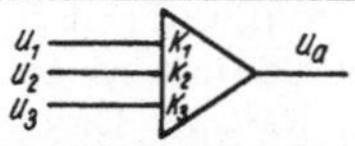 $u_1,\ u_2,\ u_3 \quad K_1, K_2, K_3 \quad u_a$	$u_a = -\Sigma\, K_I\, u_i$
Integrator	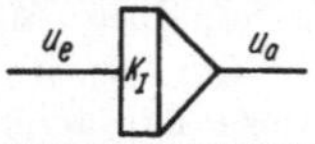 $u_e \quad K_I \quad u_a$	$u_a = -K_I \int u_e\, dt$
Multiplikator	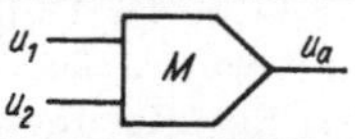 $u_1,\ u_2 \quad\boxed{M}\quad u_a$	$u_a = \dfrac{u_1 \cdot u_2}{E}$
Divisionsglied	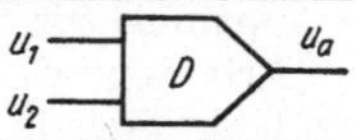 $u_1,\ u_2 \quad\boxed{D}\quad u_a$	$u_a = -\dfrac{u_1}{u_2}\, E$
Nichtlineares Glied allgemein	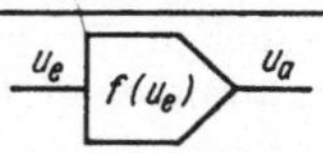 $u_e \quad\boxed{f(u_e)}\quad u_a$	$u_a = -f(u_e)$

Tafel 2.

Literaturverzeichnis

[1] *Ankel, T.:* Über die Anwendung von Rechenmaschinen in der chemischen Industrie. Regelungstechnik 8 (1960) H. 7, S. 227 bis 233.

[2] *Bär, D.; Fuchs, H.:* Kleines Lexikon der Steuerungs- und Regelungstechnik. Reihe Automatisierungstechnik, Band 40.

[3] *Berghoff/Imhof:* Über den Einsatz von Optimierungsanlagen. Chemische Technik (1963) H. 9, S. 519 bis 530.

[4] *Feldbaum, A. A.:* Rechengeräte in automatischen Systemen. München: Oldenbourg-Verlag, 1962.

[5] *Feldbaum, A. A.:* Awtomatitscheskij optimisator. Awtomatika i telemechanika 1958, H. 8, S. 131 bis 143.

[6] *Fuchs/Könitzer:* Digitale Meßwerterfassung. Reihe Automatisierungstechnik, Band 46.

[7] *Gau, G.:* Steuerung und Optimierung der Primär-Destillation mit Hilfe eines Ziffernrechners. Regelungstechnik 9 (1961) H. 5, S. 182 bis 185.

[8] *Grenstedt, P. E. W.; Jacobs, O. L. R.:* Automatic optimization. Transactions of The Society of Instrument Technology 13 (1961) H. 3, S. 203 bis 220.

[9] *Großmann, W.:* Grundzüge der Ausgleichsrechnung (zweite, erweiterte Auflage) Berlin, Göttingen, Heidelberg: Springer-Verlag, 1961.

[10] *Herschel, R.:* Automatische Optimisatoren. Elektronische Rechenanlagen 3 (1961), H. 1, S. 30 bis 36.

[11] *Herschel, R.:* Die Verwendung der Analogrechentechnik in der Automatisierung. Automatik-Katalog (1960). Frankfurt am Main: Verlag Max Binkert. S. 48 bis 53.

[12] *James, M.; Lee, W. T.:* Process Control by Computer. Process Control and Automation 8 (1961) H. 4, S. 142 bis 146.

[13] *Kaltenecker, H.:* Methoden und Anwendungsgebiete der Extremwert- und Extremortauswahl. Regelungstechnik 8 (1960) H. 9, S. 293 bis 297.

[14] *Kelley, C. R.:* Predictor Instruments Look Into the Future. Control Engineering 9 (1962) H. 3, S. 86 bis 90.

[15] *Krebs, H.:* Prinzipielle Möglichkeiten des Einsatzes von Rechnern zur Führung industrieller Prozesse. Zmsr 6 (1963) H. 6, S. 228 bis 233.

[16] *Linder, A.:* Statistische Methoden für Naturwissenschaftler, Mediziner und Ingenieure. Basel: Birkhäuser Verlag 1960.

[17] *Ludwig, E. H.:* Analogierechenmaschinen als Regelkreiselemente erschließen neue Möglichkeiten in der Regelungstechnik. In: Regelungstechnik — Moderne Theorien und ihre Verwendbarkeit. Bericht über die Tagung in Heidelberg vom 25. bis 29. September 1956.

[18] *Oppelt, W.:* Kleines Handbuch technischer Regelvorgänge. 4. Auflage. Berlin: VEB Verlag Technik 1964.

[19] *Oppelt, W.:* Steuerung und Regelung bei absatzweisem Betrieb. Regelungstechnik 6 (1958) H. 2, S. 52 bis 59.

[20] *Pink, J. F.:* Applications for Analog Computers. Petroleum 1959, September, S. 313 bis 315.

[21] *Preiss, P.:* Der Extremsucher, ein kontaktloses Extremwert- und Extrem-ort-Auswahlgerät. Regelungstechnik 8, (1960) H. 10, S. 359 bis 365.

[22] *Röver, W.:* Über den Einsatz unstetig arbeitender Analysengeräte als Regel-signalgeber. Regelungstechnik 12 (1964) H. 5, S. 198 bis 202.

[23] *Sherwood, P. W.:* Rechenmaschinen in der Erdölindustrie. Regelungs-technik 9 (1961) H. 7, S. 282 bis 288.

[24] *Schink, H.:* Studie über die heute gegebenen praktischen Einsatzmöglich-keiten von Prozeßrechnern, insbesondere im Hinblick auf Kleinrechner. Regelungstechnik 12 (1964) H. 5, S. 202 bis 209.

[25] *Schlitt, H.:* Systemtheorie regelloser Vorgänge. Berlin, Göttingen, Heidel-berg: Springer-Verlag 1960.

[26] *Schubert, G.:* Digitale Kleinrechner. Reihe Automatisierungstechnik, Band 5.

[27] *Schwarze, G.:* Grundbegriffe der Automatisierungstechnik. Reihe Automati-sierungstechnik, Band 1.

[28] *Stachowskij, R. I.; Fizner, L. N.; Schubin, A. B.:* Automatic Optimizers and their Use for Solving Variational Problems and for Automatic Syn-thesis. IFAC-Kongreß in Moskau 1960, Band IV, S. 1929 bis 1936.

[29] *Sydow, A.:* Elektronische Analogrechner und Modellregelkreise. Reihe Automatisierungstechnik, Band 6.

[30] *Tsien, H. S.:* Technische Kybernetik. Stuttgart: Verlag Berliner Union 1958.

[31] *Wallis/Roberst:* Methoden der Statistik. Freiburg i. Br.: Rudolf Haufe Verlag 1959.

[32] *Zemlin, E.:* Grundzüge des Frequenzkennlinienverfahrens. Reihe Auto-matisierungstechnik, Band 36.

[33] Analog computers solve many control Problems. The oil and Gas Journal 57 (1959) H. 41, Okt., S. 138 bis 140.

Sachwörterverzeichnis

Adaptives System 56
Ausgleichsgerade 61

Bilanzierung 20

Direkte digitale Regelung (DDC) 71

Eichautomat 32
Empfehlende Rechner 48
Extremortauswahl 42
Extremwertauswahl 41

Führungshilfen 34, 42

Gaschromatogramm 17
Gaschromatograph 17
Grenzwertüberwachung 34
Gütekriterium 19

Halteglied 19

Informationsrechner 9

Korrekturrechner 32

Lernendes System 56

Modell 43, 51, 56

Optimaler Beobachtungszeitraum 67
Optimierung 51
Optimisator 76

Prediktor 43
Prozeß
  zeitinvarianter 56
  zeitvariabler 56
Prozeßanalyse 57
Prozeßdynamik 53, 68
Prozeßmodell 53, 57 f.

Prozeßparameter
  zeitabhängige 56, 66
  zeitunabhängige 56, 66

Qualitätsfunktion 52

Regelungsrechner 71
Registrierstreifenauswertung
  manuelle 22
  maschinelle 24
Regressionsanalyse
  lineare 61
  nichtlineare 65
Regressionsansatz 65
Regressionsgerade 62
Regressionskoeffizient 62
Rückwärtsoptimierung 76

Selbstanpassendes System 56
Signalflußbild 34
Statistik 60
Statistische Prozeßanalyse 60
Steuerungsrechner 49
Störgröße 51

Tendenzwertüberwachung 40
Totzeit 44

Übergangsfunktion 68
Übertragungsfunktion 44, 53, 69

Variable
  beeinflußbare 51, 53
  unbeeinflußbare 51, 53
Verfügbarkeit 75
Vorhersage 44

Zeitinvariantes System 56, 66
Zeitvariables System 56, 66
Zielfunktion 54

RA 1   Schwarze: Grundbegriffe der Automatisierungstechnik
RA 2   Gottschalk: Bauelemente der elektrischen Steuerungstechnik
RA 3   Berg: Hydraulische Steuerungen
RA 4   Schöpflin: Netzregelungen
RA 5   Schubert: Digitale Kleinrechner
RA 6   Sydow: Elektronische Analogrechner
RA 7   Götte: Elektronische Bauelemente in der Automatisierungstechnik
RA 8   Bojartschenko/Schinjanski: Magnetische Verstärker
RA 9   ten Brink/Kauffold: Entwurf und Ausführung von Steueranlagen
RA 10   Schwarze: Regelkreise mit I- und P-Reglern
RA 11   Borgwardt: Regelkreise mit PID-Reglern
RA 12   Stuchlik: Programmgesteuerte Universalrechner
RA 13   Kautsch: Elektrische Meßverfahren für nichtelektrische Größen
RA 14   Ehrhardt: Fernsteuerung
RA 15   Schöpflin: Projektierung von Regelungsanlagen
RA 16   Lüdtke: Betriebserfahrungen mit einer automatischen Großanlage
RA 17   Schroedter/Meyer: Betriebsmeßwesen
RA 18   Fritzsch: Grundlagen der elektrischen Antriebsregelung
RA 19   Ahner/Bode: Elektronische Datenverarbeitung in der Ökonomie
RA 20   Dittmann: Kennwertermittlung von Regelstrecken und Regelgeräten
RA 21   Fuchs: Digitale Regelungen
RA 22   Fuchs: Gasanalysen-Meßtechnik
RA 23   Finger: Elektrische Wägetechnik
RA 24   Obenhaus: Fernmeßeinrichtungen
RA 25   Bär: Einführung in die Schaltalgebra
RA 26   Borgwardt: Flüssigkeitsanalysen-Meßtechnik
RA 27   Liebers: Temperaturmessungen
RA 28   Hummitzsch: Zuverlässigkeit von Systemen
RA 29   Berg: Hydraulische Bauelemente in der Automatisierungstechnik
RA 30   Peschel: Kybernetik und Automatisierung
RA 31   Schroedter: Standmessung in Behältern
RA 32   Meyer: Volumen- und Durchflußmessung von Flüssigkeiten und Gasen
RA 33   Hartmann: Regelkreise mit Zweipunktreglern
RA 34   Roeber: Meßeinrichtungen
RA 35   Wagner: Automatisierungstechnik — Einführung und Überblick
RA 36   Zemlin: Grundzüge des Frequenzkennlinienverfahrens
RA 37   Berg: Anwendung der Hydraulik in der Automatisierungstechnik
RA 38   Gottschalk: Elektronische Bausteinsysteme der Digitaltechnik
RA 39   Wolff: Anwendung des Frequenzkennlinienverfahrens
RA 40   Bär/Fuchs: Kleines Lexikon der Steuerungs- und Regelungstechnik
RA 41   Greif: Anwendung lichtelektrischer Empfänger
RA 42   Bär: EDV — Grundstufe der COBOL-Programmierung
RA 43   Bär: EDV — Oberstufe der COBOL-Programmierung
RA 44   Bär: EDV — Praxis der COBOL-Programmierung
RA 45   Bittner: Pneumatische Funktionselemente
RA 46   Fuchs/Könitzer: Digitale Meßwerterfassung
RA 47   Andersen: ALGOL 60 — eine Sprache für Rechenautomaten
RA 48   Götte: Feuchtemeßtechnik
RA 49   Gena: Automatisierung in der chemischen Industrie
RA 50   Schwarze: Regelungstechnik für Praktiker
RA 51   Bode: Lochkartentechnik
RA 52   Paulin: Kleines Lexikon der Rechentechnik und Datenverarbeitung
RA 53   Greif: Meßwert-Registriertechnik

Fortsetzung 4. Umschlagseite